JN062451

九州大学 東アジア環境研究機構
RIEAE 叢書 Ⅶ

持続可能な低炭素都市の形成に向けて

編著 低炭素都市システムグループ

花書院

刊行にあたって

急激に成長するアジアでは、様々な環境問題が同時複合的に発生・深刻化しています。環境問題は防止・初期対応こそが最善であり、発生国での問題解決を担う人材の育成が急がれています。個別の環境問題に対する専門家は日本を始め各国で活躍しており、環境問題への取り組み体制は整っているかに思われます。しかし、上述した通りアジアの環境問題は複雑であり、その解決には学際的に広範な専門知が求められるため、個別の研究者によって対応できる範囲をはるかに超えています。このため、幅広い分野の専門家からなるチームの迅速な立ち上げを可能にする研究者間ネットワークの構築に加え、環境問題を総合的かつ体系的に捉え、戦略的に解決策を提示できる環境リーダーの育成が必要とされています。

地理的に大陸からの環境影響を受けやすい九州は、アジア環境問題の解決に対する強いニーズを有しており、九州大学は先端研究機関としてその責務を果たすべき立場にあります。このような背景の下、九州大学の知と技術を統合し、アジア環境研究に関する国際研究の一元的な統括と、環境リーダーの育成を同時並行的に推進するため、２００９年４月に東アジア環境研究機構が設立されました。

本シリーズは、分野の垣根を超えて組成された当機構の研究グループによって取り纏められたアジア環境研究の最前線の紹介に加え、現場で活躍する研究者らの声を受けて立ち上げられた、アジア環境問題に対する戦略的な取り組み方の習得を目指したアジア環境学入門から構成されています。

フィールドワークを中心に据えた実践的な研究活動から、最先端の応用化学技術や数値モデルシミュレーションに至るまで幅広く網羅しており、将来この分野に取り組もうとする学生のみならず、企業、行政、分野外の研究者にとってもアジアの環境問題およびその解決に向けた取り組みの最前線の全般を俯瞰できる内容となっています。

本シリーズが、アジア環境問題に対する理解を深め、環境人材の育成と持続可能な未来環境の創生への一助となることを心より願っています。

九州大学総長　久保　千春

目　次

第7章　都市と大学キャンパスの環境

第1章

持続可能な都市への課題と展望
―都市エネルギーの観点から―

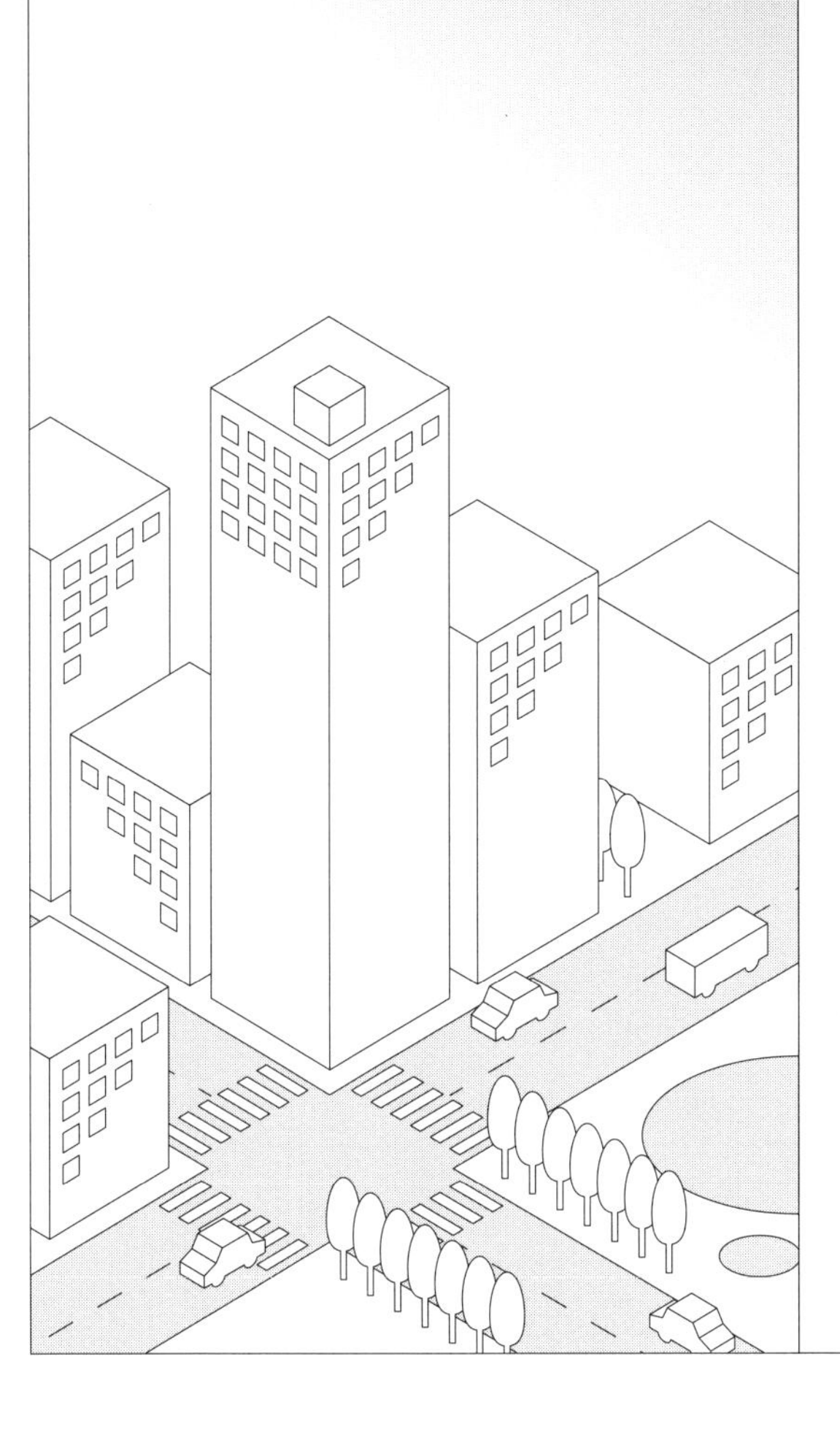

赤司　泰義

章題の「持続可能な」（サステナブル）という言葉には、本来、広範な事項が含まれるが、この章では、エネルギー消費の側面から捉えた都市の持続化に関する課題やその解決に向けた考え方を展望したい。

持続可能な都市への視座

「持続可能な開発」が国際的に広く認知されるようになったきっかけは、１９８４年に国際連合に設置された「環境と開発に関する世界委員会」である。この委員長がノルウェー首相を務めたグロ・ハーレム・ブルントラント女史であったことからブルントラント委員会とも呼ばれる。この委員会の報告書（参考文献１）では、「持続可能な開発」の概念を「将来世代のニーズを損なうことなく、現在のニーズを満たす開発」と定義している。すなわち、地球規模の貧富の差をなくすために、社会・経済開発を進める必要があるが、その開発は将来世代の可能性を脅かしてはならない、ということである。

この定義の根底には、従来型の開発には物理的、生物学的な限界があり、そもそも有限な世界で無限な開発は不可能であるという至極当然な真理がある。また、「持続可能な開発」の概念定義の原文では、「将来世代」のことを"future generations"と複数形になっている。一世代を30～40年だとすると、持続可能性には、およそ１００年後の未来を見据える思考が必要とされる。

我々の世界が有限であること、そして、現在から遠い未来に至る時間軸があることは、持続を考える上での重要な視座である。

都市エネルギー消費量削減の必要性とその難しさ

我々の生活には、安全・安心・快適な空間と豊かな文化、そしてそれらを支える多様なシステムが必要である。自給自足の生活もないわけではないが、現代の社会や経済の成り立ちを無視することはできない。工業や商業、流通が発達し、ある程度の人口が集中した都市の生活には、莫大な化石燃料（石炭、石油、天然ガスなど）の消費がともなっていることは明らかである。言うまでもなく、化石燃料は有限であり、持続可能な社会の成立には人間社会が営まれている都市の持続化が不可欠である。よって、都市で消費する化石燃料、すなわち非再生可能エネルギー消費量を大幅に削減する必要があるが、そのことを阻むいくつかの要因がある。

一つ目は、エネルギー消費量（環境保全）と経済成長のトレードオフである。エネルギー消費量を削減すると経済成長が阻害され、経済成長を促すとエネルギー消費量が増加するという現象である。２００８年のリーマン・ショックにより日本のＧＤＰは大きく落ち込んだが、同時にエネルギー消費量も減少したことは記憶に新しい（図１）。よって、経済を減退させずにエネルギー消費量を削減する新しい方策を見い出す必要があるが、我々はまだそのモデルを手にしていない。

二つ目は、世代間公平の評価の困難さである。エネルギー消費量を削減して環境を保全することによる利益を客観的な事実や予測によって超長期に把握することは非常に困難であり、これまでも世代間公平の観点から都市が評価されることは全くなされていない。

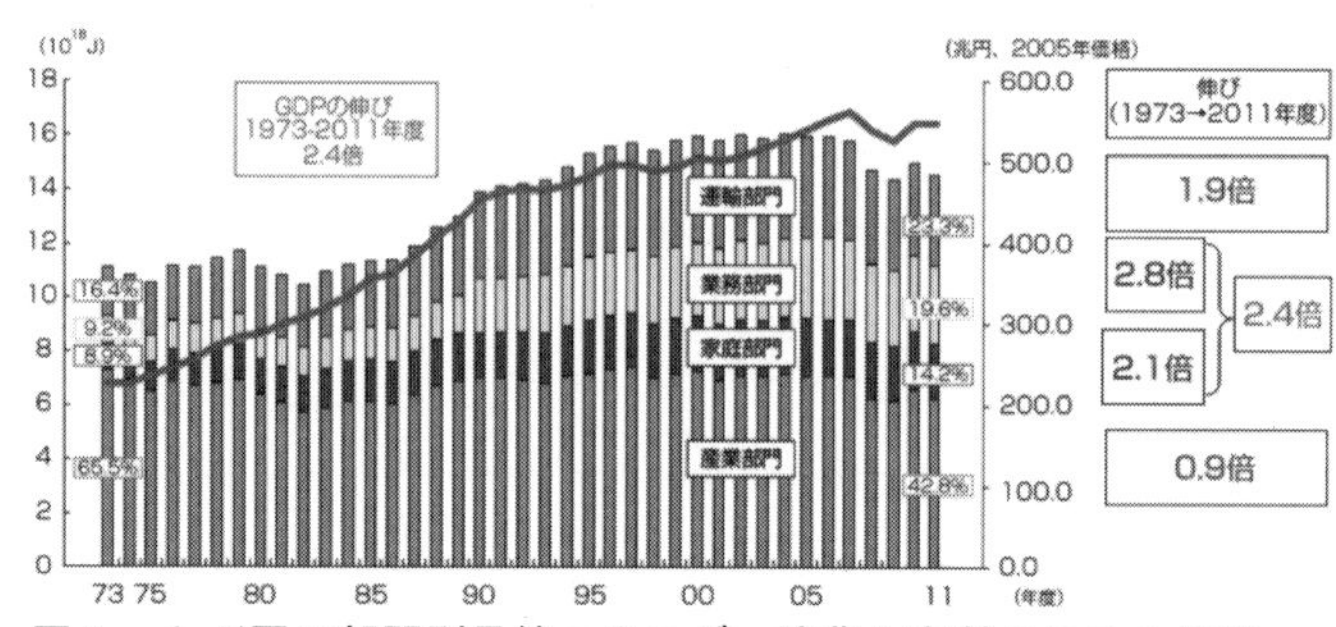

図１　わが国の部門別最終エネルギー消費と実質ＧＤＰの推移
出典）「平成24年度エネルギーに関する年次報告（エネルギー白書2013）」、経済産業省資源エネルギー庁、2013年６月

三つ目は、複雑な評価軸があげられる。都市の持続化にはエネルギー消費量を削減することが必要だが、それは十分条件ではない。物理的な指標から人間の感性（豊かと感じる気持ち）に至るまで、我々の都市に対するニーズは多様で、それらが複雑に絡み合っている。やみくもなエネルギー消費量の削減は、決して都市の持続化にはつながらない。

集中する都市

さて、最近の情報通信技術（ＩＣＴ）の飛躍的な進展には目を見張るものがあるが、このＩＣＴによって世界はフラット化すると言われていた。つまり、ユビキタスな環境が構築され、場所に捉われない働き方や暮らし方ができるようになる、というわけである。しかし実際は、そういった傾向はほとんど見られず、人口や経済が都市に集中し、その結果、スパイキーな世界の形成がより一層強まっている。

例えば、現在、人口１０００万人以上の都市、いわゆるメガシティの世界トップ10はアジアの7都市が占めており、1位は東京圏（３７２０万人）である。人口増加と経済成長が著しいアジアでは、これまでにないほどの規模と速度、変容の激しさで都市化が進んでおり、２０３０年前後には都市人口は世界人口のおよそ60％を占め、メガシティは全世界で37都市、そのうち21都市がアジアに出現すると予測されている（参考文献２）。

この一極集中的な都市化が将来の持続可能な都市につながっていくのかという点については十分な議論が必要だろう。普通に考えれば、人や物が都市に集積することによってエネルギー消費効率が向上するが、都市化が進むということは、どこかで過疎化が進んでいると考えられるので、仮にその過疎化がそこのエネルギー消費効率を低下させているとすれば、都市化によるエネルギー消費量の削減効果を薄めてしまうことになる。あるいは、やや考えにくいことではあるが、仮に非都市型と都市型の生活スタイルの違いによって都市型生活のエネルギー消費量そのものが非都市型よりも多い場合、非都市型生活から都市型生活への転換によるエネルギー消費量の増分を、都市型生活の効率向上で得られるエネルギー消費量の削減分が上回っている必要がある。都市化は過疎化と表裏の関係であり、都市化を考える際には過疎化も同時に解かねばならない。

地球温暖化への世界的な懸念

都市における人間の営みが原因となって引き起こされている地球規模的な問題に地球温暖化がある。「気候変動に関する政府間パネル（IPCC：Intergovernmental Panel on Climate Change）」では、地球温暖化の気候変化、影響・適応性、緩和策に関して、科学的・技術的・社会経済的な見地から包括的な評価が継続的に行われている。最新の第5次評価報告書（参考文献３）には、①気候システムの温暖化には疑う余地がないこと、②20世紀半ば以降に観測されている温暖化は人間の影響が支配的な要因である可能性が極めて高いこと、③CO_2の累積総排出量とそれに対する世界平均地上気温の応答はほぼ比例関係にあること、などが示されている。

地球温暖化の原因である温室効果ガスの中ではCO_2の影響が最も大きく、現在、CO_2排出量が最も大きい国は中国で、次いでアメリカ、インドと続いている。しかし、一人当たりのCO_2排出量は、日本やヨーロッパ諸国を1とすると、中国はおよそ0・5、アメリカは2、インドは0・1、アフリカ諸国も0・1である（図2）。今後、中国やインド、アフリカ諸国で日本やヨーロッパ諸国並みにエネルギーを消費することになると、それぞれのCO_2排出量が数倍から10倍前後に膨れ上がり、このことが地球にとって破滅的な状況を引き起こすのではないかと強く懸念されているわけである。

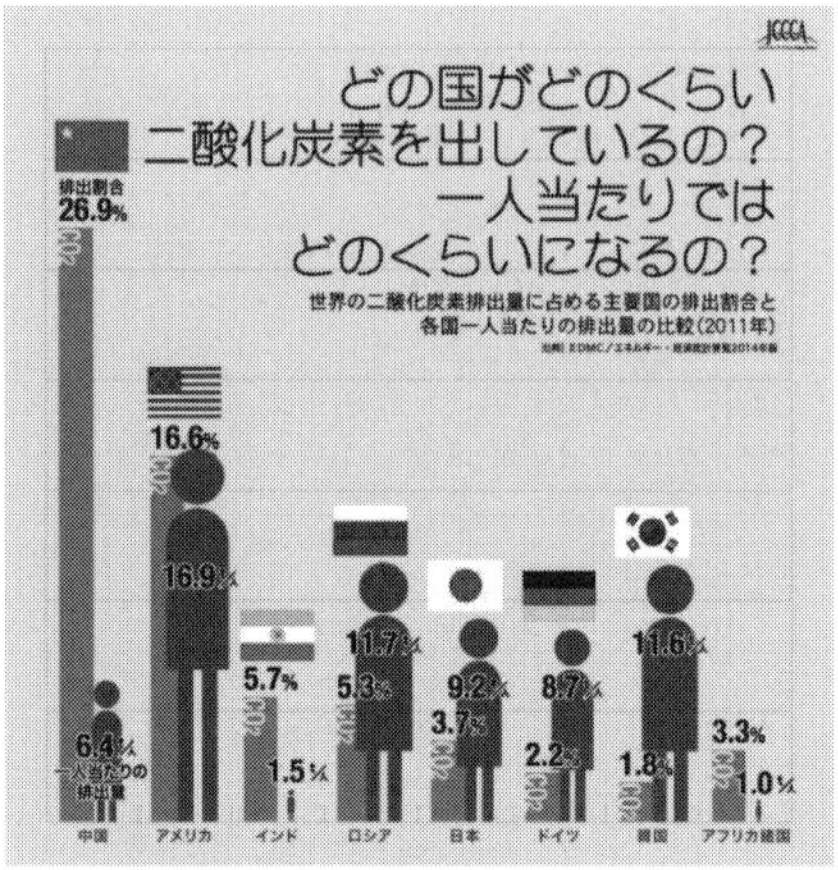

図２　世界の二酸化炭素排出量に占める主要国の排出割合と各国一人当たりの排出量の比較（2011年）

出典）ＥＤＭＣ／エネルギー・経済統計要覧2014年版、全国地球温暖化防止活動推進センターウェブサイト、（http://www.jccca.org/）

こういった状況をうけて、1997年の第3回気候変動枠組条約締約国会議では、2012年までの各国の温室効果ガス排出量削減目標を定めた京都議定書が採択された。この中で日本は1990年比で6％の削減を約束したが、2011年の東日本大震災により原子力発電所の稼働が停止し、火力発電所の稼働が増加したことによってCO_2排出量が大きく増加した。しかし、リーマン・ショックで景気後退していたことが幸いして、実質的な温室効果ガス排出量は１・４％増にとどまり、森林吸収や排出量取り引きなどの京都メカニズムを使用して８・２％減となった（参考文献４）。

超省エネルギーが求められる都市と建築

ポスト京都議定書の議論については、イタリア・ラクイラで２００９年に開催された主要国首脳会議において、世界全体の温室効果ガス排出量の少なくとも50％削減を達成する目標を共有するという前年会議（日本・洞爺湖）の合意が改めて表明され、先進国全体で温室効果ガス排出量を２０５０年までに80％以上を削減するとの目標が支持された。これに関して、環境省の温室効果ガス２０５０年80％削減シナリオでは、エネルギー需要の40％を削減すると同時に、エネルギー供給の70％を低炭素化することが示されている（図3）。すなわち、(1−0.4)×(1−0.7)≒0.2ということで80％削減を目指そうというものである。このシナリオは、原子力発電所の稼働停止により根本からの見直しを余儀なくされているが、温室効果ガス２０５０年80％削減が地球温暖化の観点から動かせない目標だとすると、エネルギー需要をより一層大幅に削減するしかない。そのターゲットは都市と建築である。

日本の部門別最終エネルギー消費量の推移（図１（前出））によれば、産業部門のエネルギー消費量は戦後の高度成長期に増加したが、二度の石油危機によって省エネルギー化が進んだこと、そして第二次産業から第三

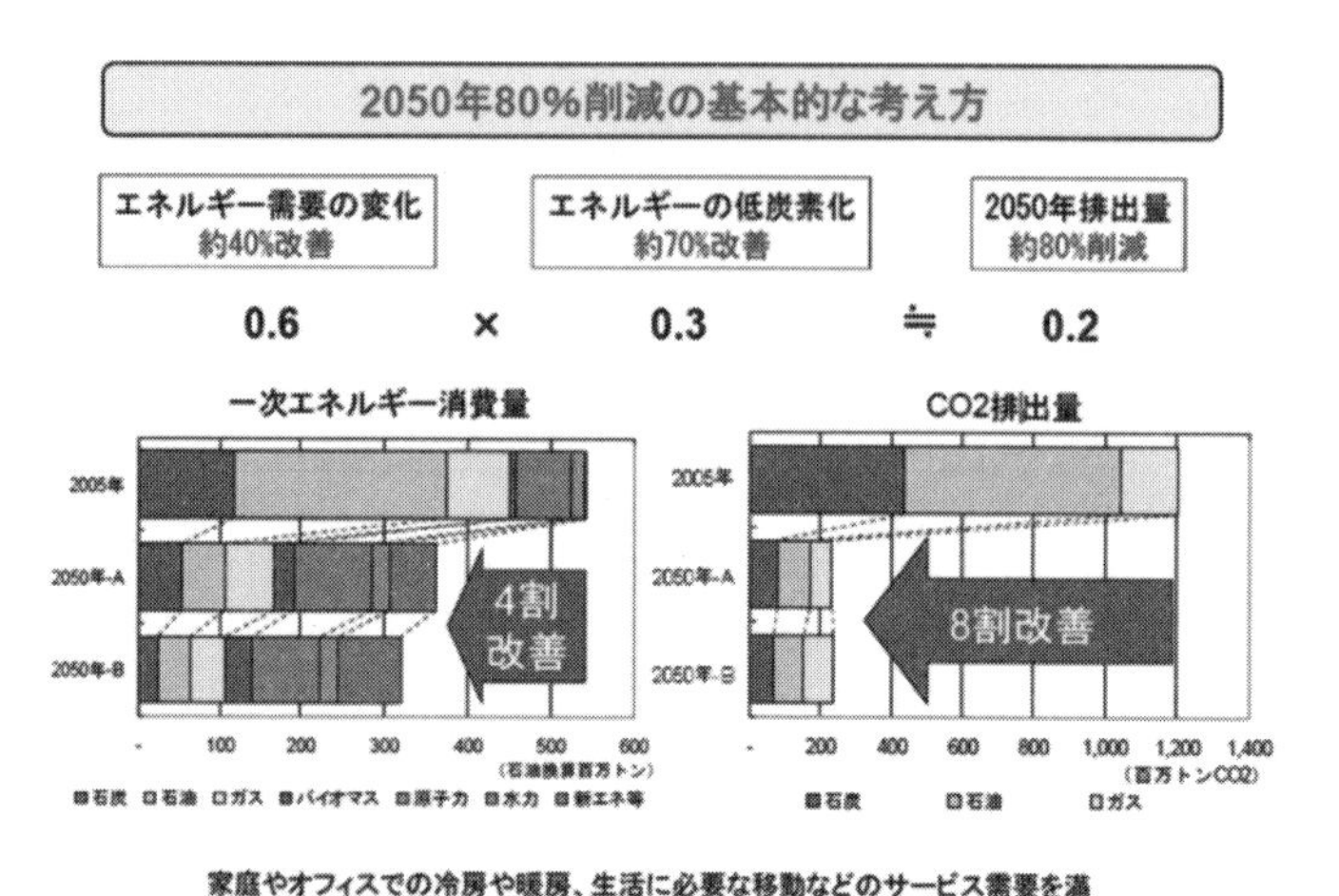

図3　温室効果ガス2050年80％削減シナリオ
出典）「温室効果ガス2050年80％削減のためのビジョン」、環境省ウェブサイト（http://www.env.go.jp/）、2008年

次産業へと我が国の産業構造が変化したことによって、その後は比較的安定した値となっている。一方、民生部門（業務・家庭）と運輸部門のエネルギー消費量は、ライフスタイルの変化やバブル経済によって急増し、バブル崩壊後もその増加に歯止めが利いていない。リーマン・ショックでエネルギー消費量が微減したが、過去の経験から推察すれば、この減少は一時的なもので再びエネルギー消費量が増加する危険をはらんでいる。

民生部門のエネルギー消費量は、その多くが都市の開発や建物の建設、そして日々の運用（空調、照明、給排水、給湯、運搬、コンセントなど）に必要な電力、都市ガス、油などの消費量であり、民生部門に相当する建築起源のエネルギー消費量は社会全体の1／3以上にもなっている。IPCCによれば、建築分野のCO_2排出量の削減が他分野と比較して最も費用対効果が大きいという試算（図4）もあり、都市や建築の省エネルギーは地球温暖化抑制に極めて密接に関わっている

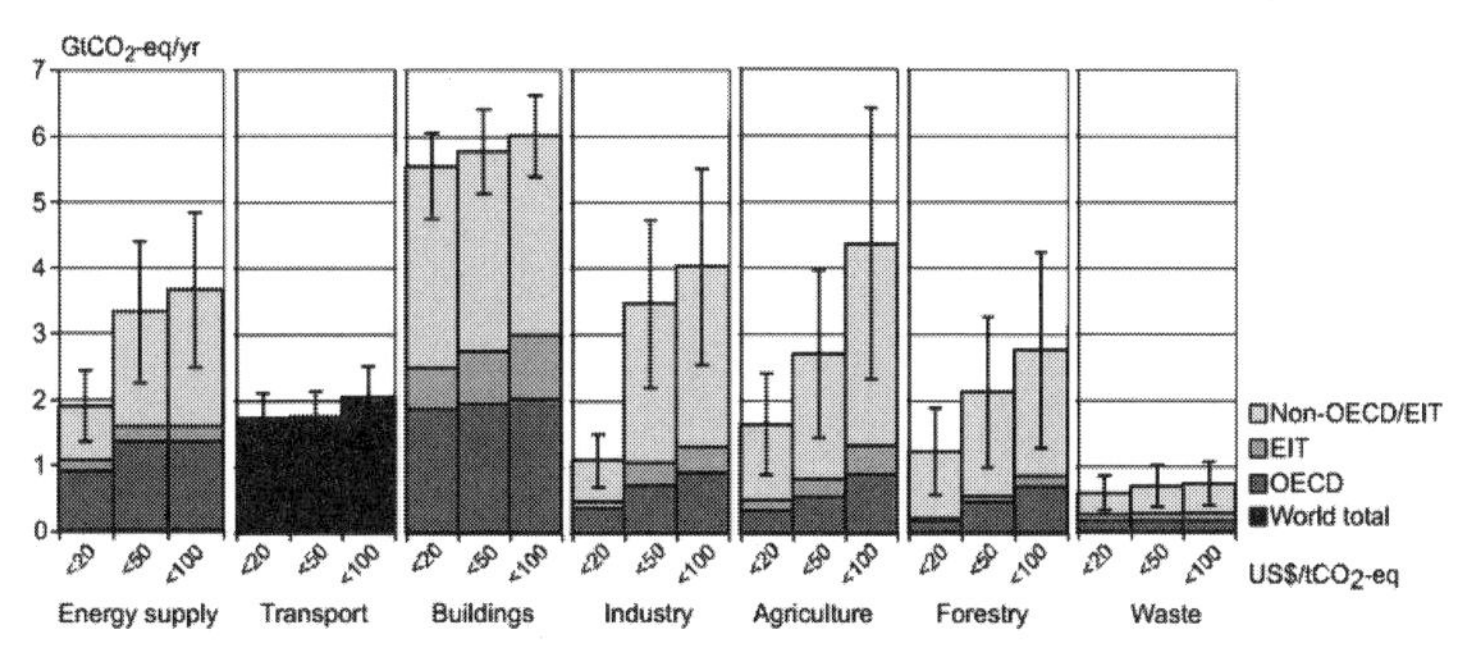

図４　CO_2排出量削減の費用対効果
出典）Climate Change 2007, Synthesis Report, the Fourth Assessment Report of IPCC

と言えよう。

ヒートアイランド問題

地球温暖化だけでなく、ヒートアイランドの問題も都市や建築のエネルギー消費と関係している。むしろ、ヒートアイランドは都市に居住する人がより身近に感じる問題であろう。特に最近は、局所的な集中豪雨が頻発しているが、ヒートアイランドはその原因の一つとも言われている。

ヒートアイランドは、都市の気温がその周辺の郊外に比べて高温になる現象で、気温分布の等温線が同心円状に描かれて、都市部が周辺から浮いた島のように見えることに由来する（図５）。都市化が進むほどヒートアイランドの高温域が拡大し、高温状態が長時間化して、夏には熱中症、冬には感染症を媒介する生物の越冬などが増加すると言われている。

ヒートアイランドの原因は大きく３つあげられる。まず一つ目は、土地被覆の変化である。都市化によって、多くの水分を含んでいた地表面がアスファルトやコンクリートで覆われ、水の蒸発によって気温の上昇

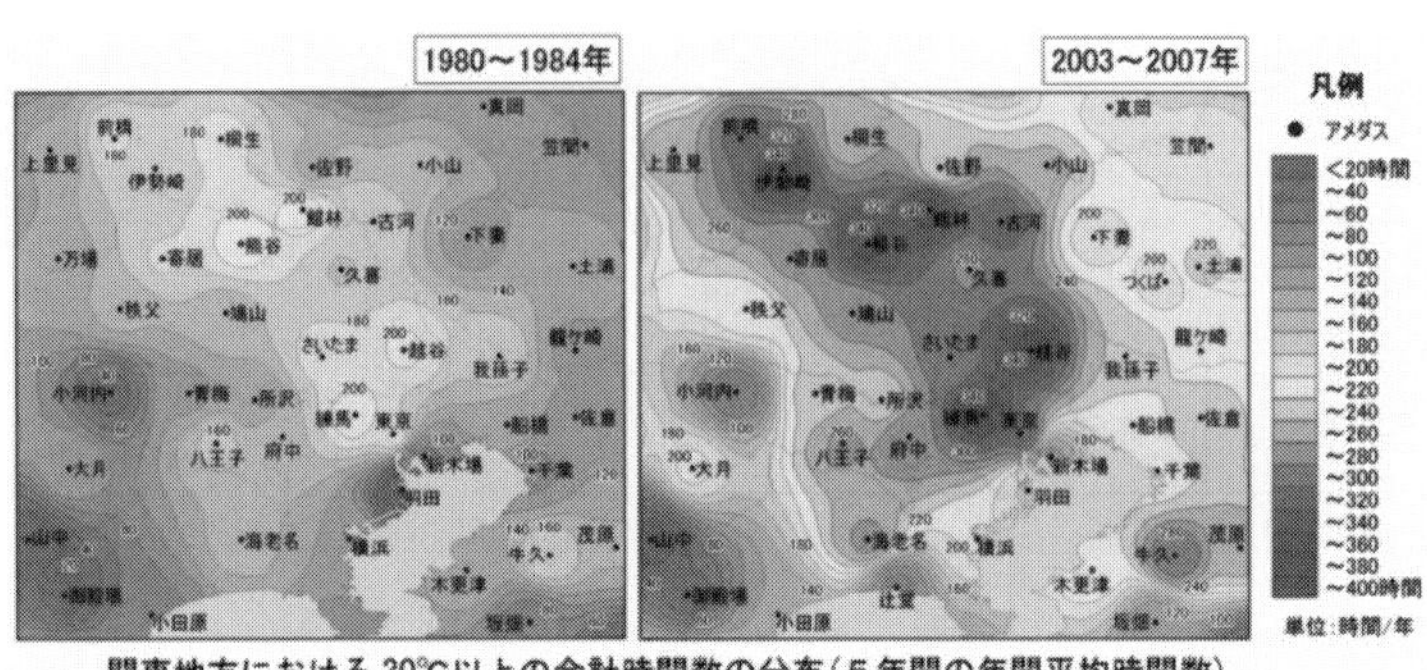

図５　ヒートアイランド現象
出典）環境省ウェブサイト（http://www.env.go.jp/）

を抑えることができなくなっている。その結果、地表面から大気への直接的な加熱が増加している。二つ目は、建物の影響である。コンクリートの建物はその躯体の熱容量のために日中に蓄熱した熱を夜間に放出するが、建物が林立した都市では風が通りにくく、都市に熱がたまりやすくなっている。三つ目は、人口排熱の影響である。都市での多様な活動が活発化することに伴って、建物や自動車などからの排熱が増加する。

　こういった原因から、ヒートアイランドの対策には、土地被覆の改変、風の道の確保、建物等の省エネルギーなどがあげられるが、これらの対策を取らずに都市化してしまった現状では、抜本的にヒートアイランドを解消することが極めて難しい。個々の対策を分散的に行いながら、徐々にヒートアイランドを緩和に向かわせることしかないと思われるが、その中でも建物等の省エネルギーは、日々の取り組みによって比較的推進しやすい対策と言える。

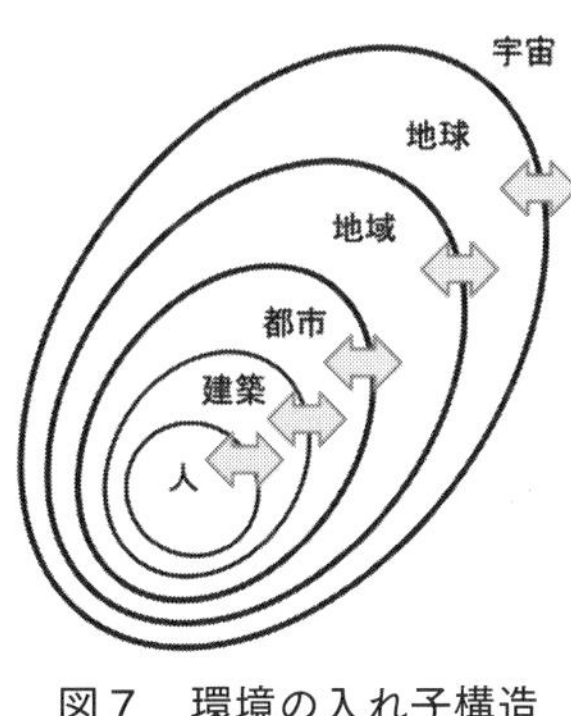

図７　環境の入れ子構造

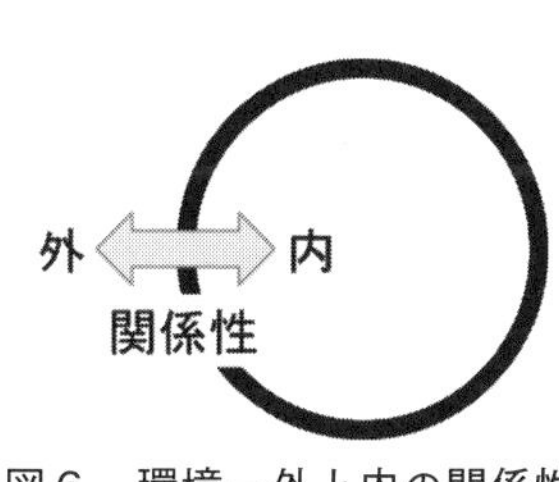

図６　環境－外と内の関係性

環境の入れ子構造

地球温暖化とヒートアイランドの問題は、それぞれ都市と建築の内側の問題ではなく、外側の問題である。それはどういうことを意味するのか。

「環境」という言葉は、「環（わ）」――曲げて円形にしたもの、円い輪郭――と、「境（さかい）」――ものとものとが接するところ、ある状態と他の状態の分かれ目――という語から成り立っている（図６）。よって、「環境学」とは「外と内の関係性を解き明かす学問」と言うことができよう。すなわち、環境は勝手につくられるのではなく、外と内が相互に影響を及ぼし合って初めて、ある環境がつくられるということである。人の周りに建築環境があり、その外側には都市環境や地域環境があって、さらにその外側に地球環境、宇宙環境が広がるというように、環境は入れ子構造になっている（図７）。

近年の地球温暖化やヒートアイランドの問題は、ある環境の中の行為や現象（例えば、建築の空調など）がその中だけでなくその外にも影響を及ぼすという自明の理を改めて我々に認識させた。建築における環境（熱環境や光環境など）を考える「建築環境」という言葉だけでなく、広い意味の環境における建築を考える「環境建築」という言葉も使われるようになったのはそのためである。

半世紀ほど前の日本の家は薄暗く、開放的だった。それが今では、夜遅くまで照明を灯し、閉じた部屋で暑さ寒さに関係なく快適に過ごしている。この間、生活環境は激変したが、その生活環境は我々自身が望んだものである。生活環境の変化に応じて建築のあり方も変容するのは当然であろう。問題は、そうやって人間が望む生活環境に建築を順化させてきた結果、例えば、地球温暖化やヒートアイランドによって増した地域の蒸暑性がルームエアコンに代表される家電製品のエネルギー消費を増大させ、その化石燃料の消費によるCO_2排出や空調排熱によって地球温暖化・ヒートアイランドがさらに進むという負のスパイラルに陥っていることである。そして、そういった生活環境を手に入れている人々は少数派で、地球上の多くの人々は希望する生活環境をまだ手に入れていないこと、エネルギー消費型の便利で快適な生活スタイルとそれを支える生活技術は急激にグローバル化していることである。

東日本大震災でわかったこと

これまでのことを総合して考えると、持続可能な都市に向けた環境的課題の解決には、都市やそれを構成している建築の大幅な省エネルギーが不可欠であるが、その実現は極めて厳しいものである。しかし、あの東日本大震災後の状況から、わずかな手がかりを感じ取ることができる。

２０１１年3月の東日本大震災によって、東京電力及び東北電力並びにその供給区域内の特定規模電気事業者と需要契約を締結している大口需要家を対象に、前年度の使用最大電力から15％削減の電力使用制限が実施された。この制限令発動は、第一次石油危機の１９７４年以来37年ぶりであった。これにより、地下鉄構内やビルで照明灯の間引きや消灯が行われ、照明用電力消費の約30〜40％が節減されたと言われている。照明用のエネルギー消費量はビル全体の約30％と概算されるので、仮に全てのエネルギーを電力だけで賄っているビルの場合を考えると、追加的なコストなしにこれだけで約9〜12％の電力削減になったことになる。実際に、東京の地下鉄構内の明るさは、震災前の４５０ルクスから３００ルクス程度になり、大きな節電になったと聞いている。

しかし、ここで大事なのは、世界の都市の地下鉄構内の明るさは、例えば、ニューヨークは２００ルクス、パリは１００ルクス程度で、東京の３００ルクスは世界的に見るとまだまだ明るすぎるということ、そして、東京在住の人々を対象とした震災後のアンケート調査によれば、今回の節電を受けて、震災前の明るさが明るすぎたと感じている人、今後も現状維持で良いと考える人が80％にも上ったということである（参考文献５）。震災から約4年経った今でもこのアンケート調査結果の通りになるかどうかは不明だが、「これまで過剰に電力を消費していた」ということに市民レベルで気付いたことは、今後の電力需給のあり方を考える上で重要な一石を投じたといっても良い。

１９９０年比６％の温室効果ガス削減という京都議定書の議論において、これまで何度となく言われたことに「絞り切った雑巾をさらに絞っても水は出ない」（これ以上、省エネルギーはできない）ということがあったが、この震災によって「絞り切った雑巾」は実は絞り切っていないということが明らかになった。電力を含めたエネルギー全般にわたって、本当に必要なエネルギーと、必ずしも必要でなく贅沢とみなすべき消費先の見切りが今こそ求められている。

持続都市への循環プロセス

都市において我々の生活（居住）を需要側として中心に据えたとき、その上流には物資やエネルギーを送る供給側、その下流にはゴミや汚水を処理する廃棄側がある。これまでも様々な省エネルギーが進められてきたが、基本的には需要側の消費に制限を設けない効率化、すなわち、居住のあり方を外に置いた供給側と廃棄側の効率化が中心であった。しかし、このやり方は、地球資源や生態系受容の有限性から、早晩、破綻するのは目に見えている。よって、自由にいくらでも消費できるというこれまでの生活の豊かさとは異なる新しい豊かさを創造し、供給側と廃棄側の技術だけに頼ることから脱却する必要がある。

震災以降、電力供給の逼迫が続いているが、そのような中、最近では、電力の需要量を意識的に変動させて供給量とバランスさせる「デマンドレスポンス」や、エネルギー消費量をグラフィカルに表示して、使用者の省エネ意識を高める「見える化」の取り組みが進んでいて、そういった取り組みから新たな居住のあり方が生み出される可能性があるのではないかと思うのである。

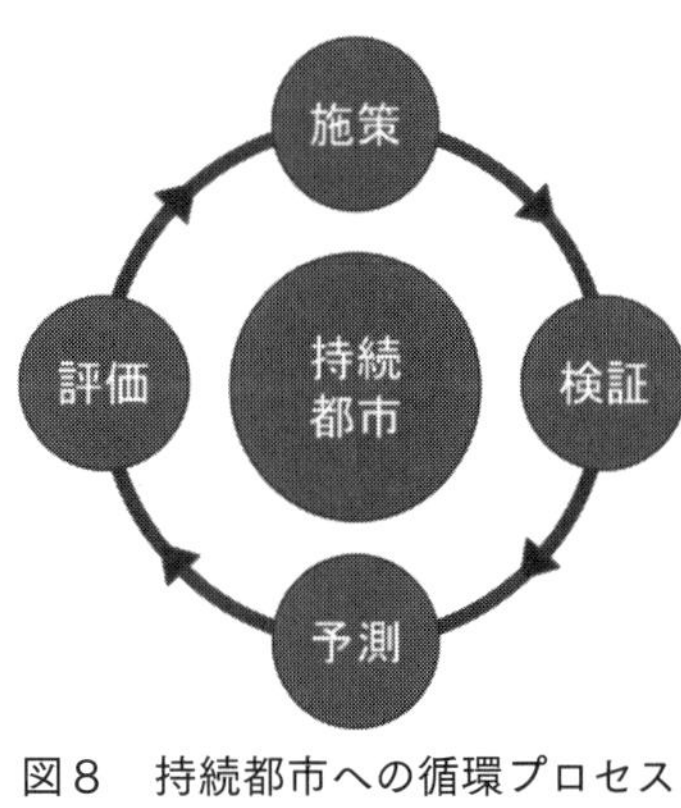

図８　持続都市への循環プロセス

このように、現在の都市をこれからの１００年でどのように変換させ、どうやって持続可能な都市としてソフトランディングさせるのかを考えた場合、都市の豊かさと環境負荷を「持続可能」という尺度で最適化するようなパラダイムシフトが必要になる。都市・建築分野は、否応なくそのパラダイムシフト実現の一翼を担わなければならないだろう。ここでは、ややありきたりだが、次のような持続都市への循環プロセスを考えてみた。

まず、あるべき都市像を想像し、その都市像に向けて何らかの取り組み（アクション）を補助したり、誘導したり、義務化するような【施策】を考え、実施する。次に、都市の実態を科学的に把握し、施策の有効性を専門的な見地から【検証】する。そして、都市における社会動態を踏まえながら、施策が続けられた場合の都市変遷を連続したスナップショットのごとく超長期に【予測】する。最後は、その予測結果を環境、社会、経済といった総合的視点に基づいて【評価】し、次の施策立案につなげる（図８）。

持続都市への道のりに近道はなく、このサイクルを常に回しながら、徐々に都市を持続的なものに変換していくしかないと思うのである。問題は、その時間が我々に残されているかどうかである。

◎参考文献

１）United Nations: Our Common Future, Report of the World Commission on Environment and Development, 1987

2）United Nations: World Urbanization Prospects, The 2011 Revision (Highlights), 2012

3）気象庁：ＩＰＣＣ第５次評価報告書、第１作業部会報告書、政策決定者向け要約（日本語訳）、２０１３年

4）環境省：２０１２年度（平成24年度）の温室効果ガス排出量（速報値）について、環境省ウェブサイト、２０１３年

5）東京都環境局：２０１１年夏の節電対策に関するアンケート調査結果、東京都環境局ウェブサイト

低炭素社会の実現と地震防災

神野　達夫

都市の低炭素化と地震

都市を突然襲う大地震は、人々の生命を危険に晒すだけなく、人々の財産である建物を、そして都市全体を一瞬にして破壊し、がれき（災害廃棄物）の山を作る。『環境省の災害廃棄物処理情報サイト』によると、2011年に発生した東日本大震災における災害廃棄物の量は関連する13道県で2000万トンを超えている（津波堆積物を除く）。一方、『阪神・淡路大震災における災害廃棄物処理について』（兵庫県生活文化部環境局環境整備課）によると、1995年の阪神淡路大震災における災害廃棄物の量は、兵庫県1県のみでおよそ2000万トンと推定されており、阪神淡路大震災の被害が限られた地域に集中していたことが伺える。当時の兵庫県の年間の一般廃棄物の量がおよそ250万トンであることを考えると、地震によってほんの一瞬の間に約8年分の廃棄物が発生したことになる。全ての廃棄物が焼却処理されるわけではないが、この廃棄物処理に関連して排出される二酸化炭素の量は無視できるものではない。したがって、地震大国日本において、災害廃棄物を減らし、少しでも二酸化炭素の排出量を抑え、低炭素社会の実現を目指すならば、都市や建物の耐震安全性の向上が必要不可欠となる。そこで本章では、都市をがれきの山に変えないために、都市にとって最大の敵である地震への理解を深めることを目的に、地震そのものの基礎的な知識、都市の地震危険度評価の概要、建物の耐震設計について解説を行う。

地震の基礎

地震の発生メカニズム

そもそも地震とはどのような自然現象なのだろう。地震とは、地球内部の硬い岩盤に蓄えられたひずみエネルギーが急激な断層の食い違い運動によって地震波を放出する現象である。では、この地震という自然現象はどのようにして起こるのだろう。

地震の発生を考える上で、地球の表面を覆うプレートはなくてはならない存在である。プレートの話を始める前に、地球の構造について少し触れておこうと思う。地球の半径はおよそ６４００キロメートルであり、図１のように大きく分けて四つの層で構成されている。地球表面から深さ５〜60キロメートル程度までは地殻である。その厚さは大陸直下か海洋直下かによって異なり、大陸地殻は30〜60キロメートルと厚く、海洋地殻５〜７キロメートルと薄い。花崗岩や玄武岩などで構成される。その下から深さ２９００キロメートル程度まではマントルであり、固体であるとされている。さらにその下の深さ５１００キロメートル程度までは外核であり、地

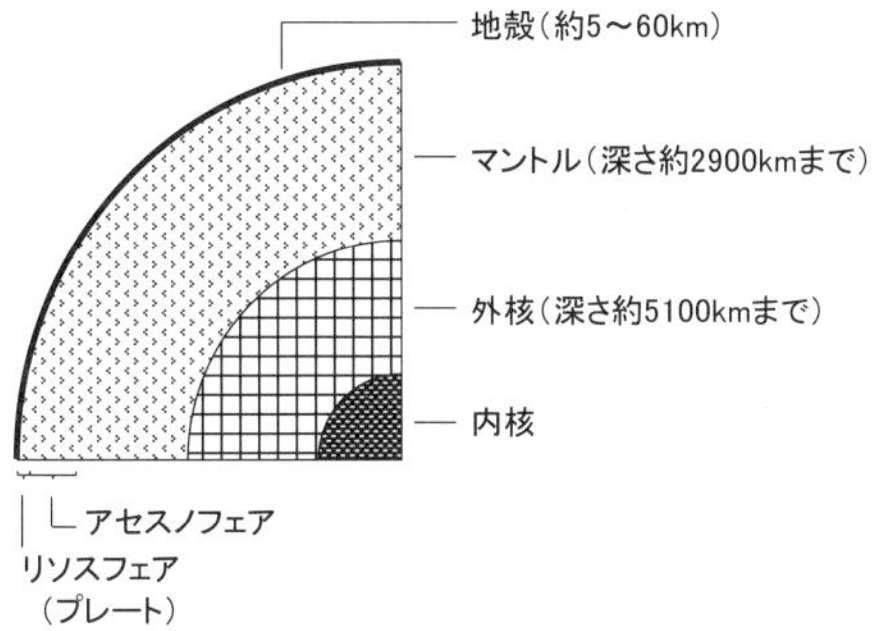

地殻（約5〜60km）
マントル（深さ約2900kmまで）
外核（深さ約5100kmまで）
内核
アセスノフェア
リソスフェア（プレート）

図１　地球の内部構造

震波の伝播特性から液体であると言われている。さらにその内側は内核であり、再び固体であると言われている。この内、地殻とマントル上部はリソスフェアあるいはプレートと呼ばれており、十数枚に分かれている。このプレートは大陸プレートと海洋プレートに大別でき、海洋プレートは、リソスフェアの下にあるアセスノフェアの運動に伴って、大陸プレートに対して年間に数センチメートル程度の速さで移動している。日本の周辺には、太平洋プレートとフィリピン海プレートという二つの海洋プレートとユーラシアプレートと北アメリカプレートの二つの大陸プレートが存在する。このように四つものプレートが集中する場所は世界でも稀有であり、非常に活発な地震活動の要因となっている。

一般に、海洋プレートは大陸プレートよりも固く、密度が高いため、両者がぶつかる場所では、海洋プレートは大陸プレートの下に潜り込む。そのため、太平洋プレートは北アメリカプレートとフィリピン海プレートの下に潜り込んでおり、太平洋プレートと北アメリカプレートの境界は千島海溝、日本海溝、太平洋プレートとフィリピン海プレートの境界は伊豆・小笠原海溝を形成している。一方、フィリピン海プレートは北アメリカプレートとユーラシアプレートの下にそれぞれ潜り込んでおり、フィリピン海プレートと北アメリカプレートの境界は相模トラフ、フィリピン海プレートとユーラシアプレートの境界は駿河トラフ、南海トラフなどと呼ばれている。このようなプレートの境界面では、図2のように、海洋プレートは大陸プレートの下に潜り込む際、大陸プレートの先端が海洋プレートに引っぱり込まれ、元にもどろうとする力が生じる。大陸プレートはの元に戻ろうとする力は徐々に蓄積され、海洋プレートの引っぱり込む力を超えたときに、大陸プレートはね上がるように運動し、地震が発生する。これが、プレート境界で起きる地震の発生メカニズムである。２０１１

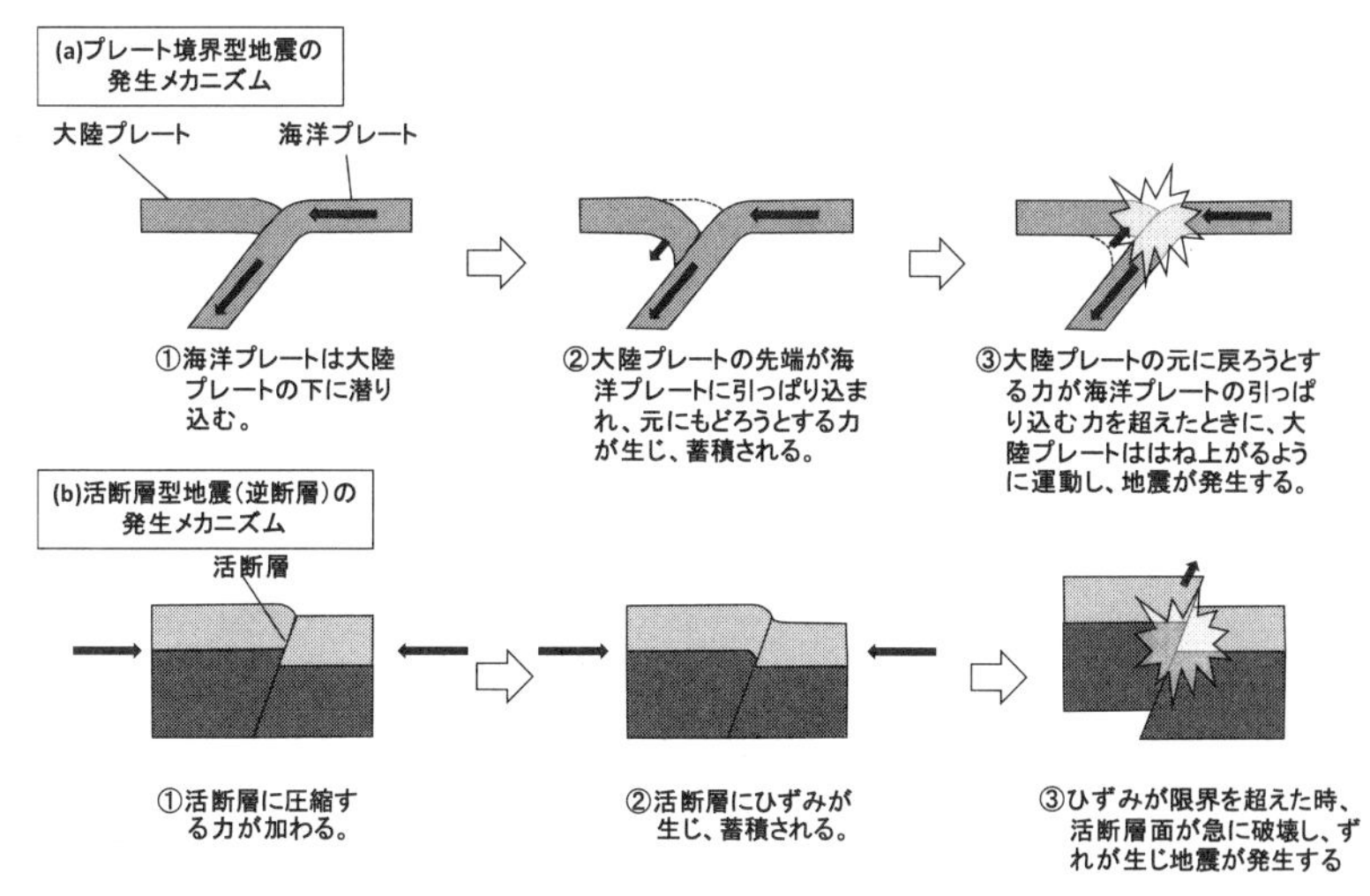

図2　地震発生のメカニズム

年に日本海溝で発生した東北地方太平洋沖地震や1923年に相模トラフで発生した関東地震、さらに今後発生が危惧されている南海トラフ沿いの巨大地震もプレート境界型の地震の例である（図3）。このプレート境界地震は海の中で発生する地震のため、マグニチュードが7程度以上になると、大きな津波が伴うことがある。

また、大陸プレートが海洋プレートから押される力によって大陸のプレート内の古傷である活断層に圧縮する力が加わり、活断層にひずみが生じる。このひずみが蓄積され、限界を超えた時、活断層面が急に破壊し、ずれが生じ、地震が発生する。これが、活断層型地震の発生メカニズムである。1995年兵庫県南部地震や2004年新潟県中越地震、2005年福岡県西方沖の地震などは活断層型地震の例である（図3）。このタイプの地震は陸地で発生する場合が多く、震源も浅いことから、都市の直下でマグニチュード6・5〜7を超えるような大地震が発生した場合、生じる地震被害は1995年兵庫県南

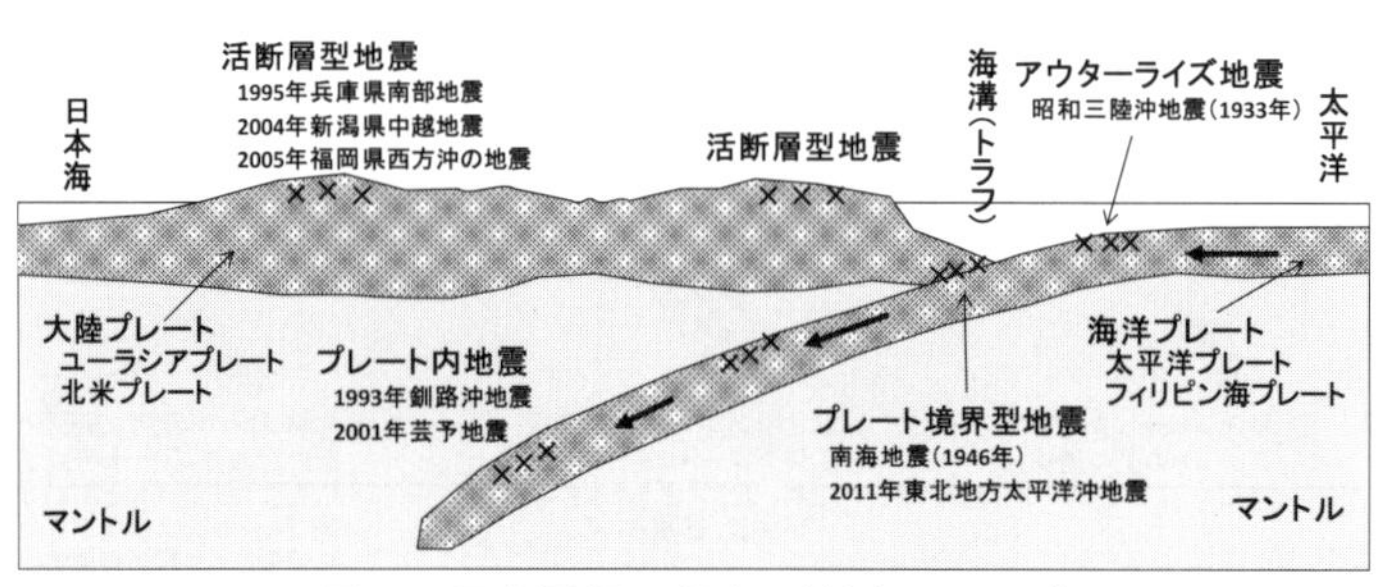

図３　日本周辺で起きる地震のタイプ

部地震のように甚大になる可能性が高い。

　この他、１９９３年釧路沖地震や２００１年芸予地震などのように、海洋プレートが大陸プレートの下に潜り込んだ後に力を受けて破壊する際に生じる地震もあり、プレート内地震と呼ばれている（図３）。さらに海洋プレートが潜り込む前に力を受けて破壊する際に生じるアウターライズ地震もある。この地震は、海溝の外側、すなわち陸地からは遠く離れた場所で発生するため、マグニチュードが大きくても、陸地での揺れはあまり大きくならないが、引き起こされる津波は大規模なものになる傾向がある。１９３３年に発生した昭和三陸沖地震などは、このタイプの地震だったと見られている（図３）。

地震動を特徴づける三要素

　地下深くの断層から放出された地震波は地球内部の硬い岩盤を伝播し、やがて地表面まで到達する。この様子を模式的に描いたのが図４である。一般に、地盤は深くなるほど硬くなり、その硬さに関連する物理量として地震波が伝播する速度がある。その一例として図４には、地下のそれぞれの層においてS波が伝播する速度（S波速度）の代表的な値が記されている。地震が発生する層のS波速度は３４００メートル・毎秒程度とされており、それよ

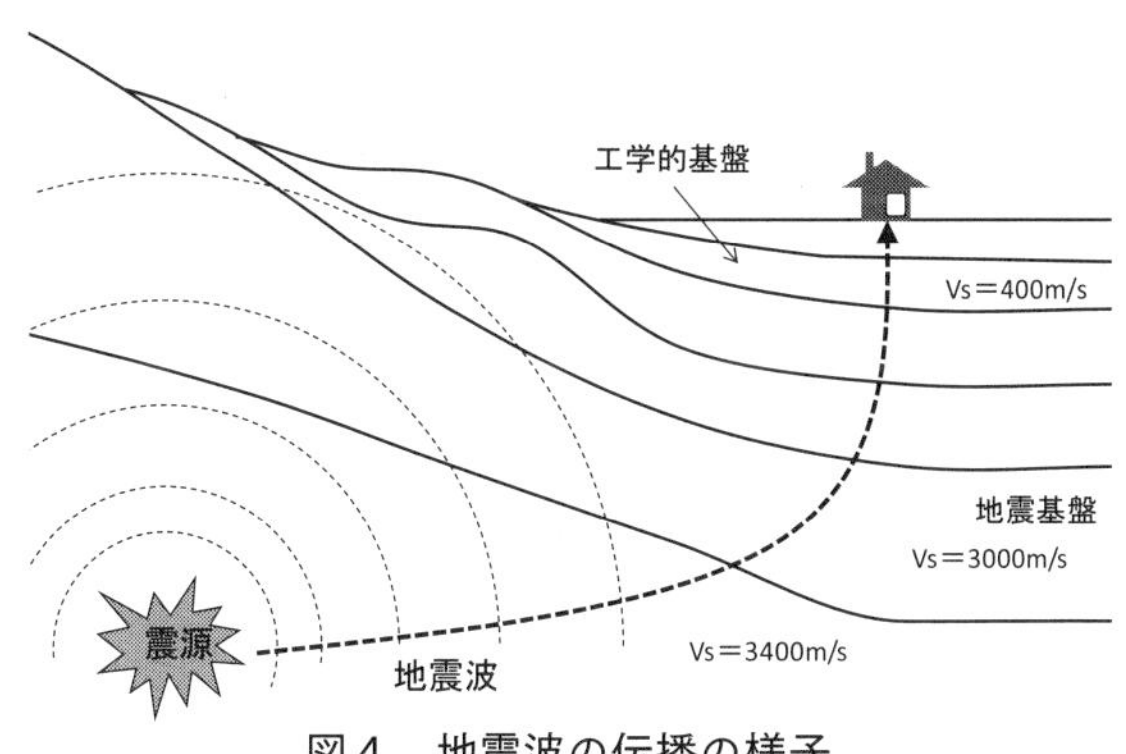

図４　地震波の伝播の様子

りも浅くなるとＳ波速度は徐々に遅くなり、Ｓ波速度３０００メートル・毎秒程度の層に至る。この層が地震基盤である。さらに浅くなるにつれてＳ波速度はさらに遅くなり、やがてＳ波速度４００メートル・毎秒程度の層が現れる。この層は建築物の支持基盤となりえる層であり、工学的基盤と呼ばれる。また、これより浅部を表層地盤と定義する場合が多い。地震による揺れのことを地震動と呼ぶが、では、この地震動の特性はどのように決まるのだろうか。地震動の特性を決める要素には、震源特性、伝播経路特性、地盤増幅特性の三つがある。

震源で起きる現象は断層の破壊運動であるが、その特性（震源特性）は、断層面の大きさ、向き、深さ、断層破壊に伴うずれの向きや大きさ、断層が存在する岩盤の剛性などによって決まる。一般に、断層の面積が大きいほど、ずれの大きさが大きいほど、あるいは岩盤の剛性が高いほど、その地震の規模（マグニチュード）は大きくなる。特に震源の近傍では、この震源特性の影響を受けて様々な特徴的な地震動が観測される場合がある。例えば、図５のように、断層面内の破壊が伝播する方向の延長上に観測点がある場合、その観測点では断層の直交方向の地震動が、一周期分のサイン波のようなパルス的な大振幅の

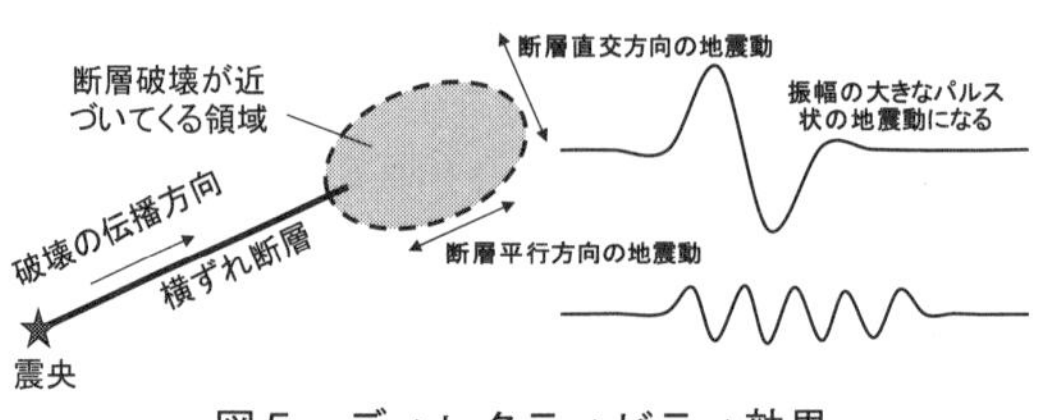

図５　ディレクティビティ効果

地震動になることが知られている。この現象はディレクティビティ効果と呼ばれており、１９９５年兵庫県南部地震において甚大な被害を引き起こした一つの要因となった。さらに逆断層型の地震が発生した場合、断層運動によって乗り上がる側の地点（図２（ｂ）③の左側）では、下側の地点（図２（ｂ）③の右側）よりも地震動が大きくなる現象もしばしば見られる。これは上盤効果と呼ばれ、２００８年岩手・宮城内陸地震などで確認されている。

一方、地震動は震源からの距離（震源距離）が離れれば離れるほど振幅が小さくなる。また同じ震源距離でも地震動が伝わる岩盤が軟らかければ（岩盤なので実際に軟らかいわけではない。あくまでも相対的に軟らかいという意味である。）、よく減衰し地震動は小さくなる。このような地震動の減衰特性を伝播経路特性と呼んでいる。図４における震源から観測点直下の地震基盤までの部分の特性に相当する。

硬い岩盤を減衰しながら伝わってきた地震動は、地震基盤を越えた辺りから、今度は一転して増幅し始める。この地盤によって地震動が増幅する特性を地盤増幅特性と言う。一般に地盤増幅特性は、周期によって増幅率が異なる。地震動が最も大きく増幅される周期、すなわち最も揺れやすい周期を卓越周期と呼ぶ。この卓越周期やその周期での増幅率は、地盤の層序、各層の地震波の伝播速度、層厚などによって変化する。例えば、同程度に軟弱な地盤の場合、その地盤が厚く堆積している地点では、同様の地盤が薄い地点に比べて卓越周期は長くなる。さらに、軟弱な表層地盤の層厚が同じであれば、地盤は軟弱であるほど、卓越周期は長くなる。また、一般に工学的基盤よりも深い地盤構造は周期一秒程度よりも長周期側、工学的基盤よりも浅い、いわゆる表層地盤は短周期側の増幅特性に大きな影響を与える場合が多いこともよく知られている。この地盤増幅特性と建物被害には密接な関係があり、地盤が軟弱な地域ほど地震時の建物被害は大きくなる傾向がある。

以上のような三つの要素が複雑に影響して地震動の特性が決まるため、建物や都市に入力する地震動をシミュレーションする場合には、これら三つの特性をそれぞれ適切に評価することが重要となる。

都市の地震危険度の評価

地震調査研究推進本部

１９９５年の兵庫県南部地震の後、政府は、地震に関する調査研究の成果が国民や防災を担当する機関に十分に伝達され、活用される体制になっていなかったという課題意識の下に、行政施策に直結すべき地震に関する調査研究の責任体制を明らかにし、これを政府として一元的に推進するため、地震防災対策特別措置法に基づき当時の総理府（現在は文部科学省）に地震調査研究推進本部を設置した。この組織は、地震防災対策の強化、特に地震による被害の軽減に資する地震調査研究の推進を目標としており、具体的には、総合的かつ基本的な施策の立案、関係行政機関の予算等の事務の調整、総合的な調査観測計画の策定、関係行政機関、大学等の調査結果等の収集、整理、分析及び総合的な評価、これらの評価に基づく広報を主な役割としている（地震調査研究推進本部ホームページより抜粋）。特に、全国の活断層や地震発生域における地震発生に係わる長期評価、日本全国の地震危険度評価、地震活動に関する評価、観測網の整備などにおいて、顕著な成果を挙げている。この内、全国の活断層や地震発生域における地震発生に係わる長期評価は、全国の主な活断層や地震発生域において、そこで地震が起きるとすれば、マグニチュードはどのくらいになるか、発生確率はどの程度かなどを評価している。

全国を概観した地震動予測地図

地震調査研究推進本部では、日本全国の地震危険度評価の一つの成果として、『全国を概観した地震動予測地図』の作成を行っている。この地図は、『確率論的地震動予測地図』と『震源断層を特定した地震動予測地図』で構成される。

『確率論的地震動予測地図』は全国を概観することができ、地図上の各地点において、今後の一定期間内に地震によって強い揺れに見舞われる可能性を示したものである（図6）。地震発生に係わる長期評価と地震動予測式（司・翠川、１９９９）に基づく、ある断層で地震が発生したときに各地で生じる強い揺れの評価とを組み合わせることで作成される。例えば、今後30年以内に震度六弱以上の揺れに見舞われる確率や今後30年以内に3パーセントの確率でどの程度以上の強い揺れに見舞われるかなどを示した分布図などとして公表される。

一方、『震源断層を特定した地震動予測地図』は、ある特定の震源断層について、そこで地震が発生した場合の周辺地域の揺れの程度を示した地図である。国や地域における防災計画策定のための被害想定に際して作成・利用されていることが多い。一般に、『震源断層を特定した地震動予測地図』では、地震発生に係わる長期評価と標準的な地震動予測の評価手法を示した、いわゆる「レシピ」に基づいて、震源特性を表す『特性化震源モデル』が構築される（地震調査研究推進本部ホームページ）。そして別途求められた地下構造モデルにしたがって、物理モデルに基づいた三次元差分法による理論計算と統計的グリーン関数法（Boore, 1986）と呼ばれる地震動予測手法を組み合わせること（ハイブリッド合成法）で、工学的基盤における地震動を推定する。ここで、統計的グリーン関数法とは、統計的に導かれた中小地震の地震波形を震源断層のスケーリング則に基づいて重ね合わせて、大地震時の地震波を推定する方法である。この地図の作成においては、工学的基盤上で推定された地震動に対して、別途作成された浅部地盤モデルを用いて、地盤増幅特性を加味し、地表面での地震動を計算する。ここで、地盤増幅特性の算出には、浅部地盤モデルを用いた理論計算（線形を仮定する場合と非線形を考慮す

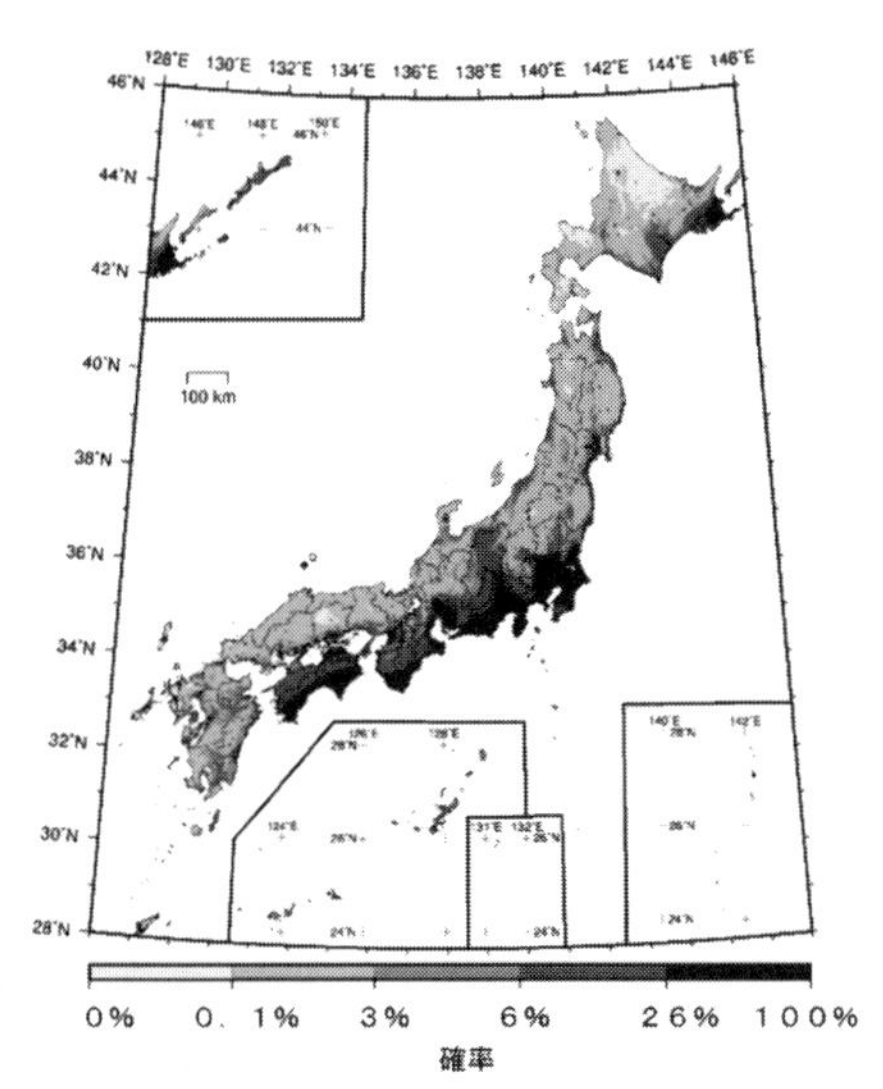

図６　今後30年以内に震度6弱以上の揺れに見舞われる確率の分布図（2013年1月1日時点）（出所：地震調査研究推進本部ホームページ）

る場合がある）による方法（例えば、Schnabel et al., 1975）や、地盤増幅特性を最大速度の増幅率と定義し、表層30メートルの平均S波速度と最大速度の増幅率との経験的関係を用いる方法（Midorikawa et al., 1994）などがある。

このような地震動シミュレーションの結果は、国や地域の地震危険度評価に利用されるだけでなく、一部の超高層建築物ではその建設予定地の地震動（サイト波）を同様の手法で推定し、それに基づいて耐震安全性を検証するといった場面でも利用されている。

建物の耐震化

耐震設計のはじまり

耐震設計の歴史は我が国の地震被害の歴史と密接に関係している。明治以降、近代国家となった我が国を襲った大地震に１９８１年濃尾地震（Ｍ８・０）がある。この地震は根尾谷断層によって引き起こされ、活断層型地震としては我が国で最大級である。震源近傍では北北西―南南東方向に約80キロメートルに渡って地表断層が出現した。最大で約6メートルの縦ずれを伴った左横ずれ断層（横ずれは約8メートル）であった。この地震によって、岐阜県の根尾谷付近などでは、ほぼ全ての家屋が倒壊するなど甚大な被害が生じた。特に、煉瓦造建物はその多くが倒壊し、耐震研究の重要性が認識される結果となった。これを受けて、１８９２年には当時の内閣の直属の研究機関として、『震災予防調査会』が設立され、地震という自然現象、さらには耐震構造の研究がスタートすることになった。

1915年、佐野利器は『家屋耐震構造論』を発表し、耐震設計法として、「震度法」を提案した（刊行は1916年）。「震度法」とは、建物に作用する地震時の水平力を、建物自重に係数（震度）を乗じて定める方法である。その後、1919年には市街地建築物法という、我が国における近代法制による最初の建築法規が制定された。東京、京都、大阪、横浜、神戸、名古屋といった大都市に限定された法律であったが、建築物の構造・設備に関する規定であり、住居、商業、工業といった用途地域制度も導入されている。また建築物の高さに制限が設けられていた。しかし、この段階では、自重及び積載荷重の鉛直方向のみを考慮した許容応力度設計法（荷重に対して構造物の応力を求め、これにより生じる各部材の応力度が、その部材の許容応力度以下になるように設計する方法）であり、地震力についての規定はない。

1923年には関東地震（M7・9）が発生し、10万人以上の人命が奪われる大災害（関東大震災）となった。多くの家屋が損壊、倒壊、焼失したが、先駆的に耐震設計を取り入れて建設された日本興業銀行の建物（設計震度0・067）は無被害であり、改めて耐震設計の重要性が認識された。これを受け、1924年には市街地建築物法が改正され、初めて耐震設計規定（設計震度0・1）が盛り込まれた。

また、昭和初期には、地震に対する建築物の安全性確保の考え方に関する大論争、いわゆる「柔剛論争」が始まることになる。すなわち、真島健三郎を筆頭とした柔構造論者は、建物を柔に作った方が地震時の共振を避けやすく有利であることから、振動論に基づいた動的検討を行うべきであると主張し、一方、剛構造論者である佐野利器や武藤清らは、非常に複雑な性状を持つ地震動に対しては建物を剛にして避けるべきであり、振動論による耐震安全性の確保は不可能であると主張した。当時は地震の性状がよく分からない時代であり、この論争に明確な決着はつかなかったが、佐野利器が提案した「震度法」が法律として採用されたこともあり、剛構造の考え方が浸透することになった。

建築基準法の誕生

1948年には、福井平野直下潜伏断層地震である福井地震（M7・1）が発生し、沖積平野では全壊率100パーセントの地域が多くみられた。これを受けて、1950年には市街地建築物法に代わり、建築基準法が制定された。この建築基準法は、『建築物の敷地、構造、設備及び用途に関する最低の基準を定めて、国民の生命、健康及び財産の保護を図り、もって公共の福祉の増進に資することを目的とする』（第一条）法律である。この法律では、荷重を、固定荷重や積載荷重のような長期荷重と風荷重や地震荷重といった短期荷重を分けて考え、短期荷重では長期荷重の二倍の安全率を考慮している。また、設計震度は、高さ16メートルまでは0・2、それ以上は4メートル毎に0・01ずつ増加させている。

1968年には十勝沖地震（M7・9）が発生し、耐震設計された鉄筋コンクリート造建物が短柱のせん断破壊などの大きな被害を受けた。これにより、1970年には建築基準法改定され、柱のせん断補強筋の間隔が狭められることになる。また、これを契機に新しい耐震設計法の開発がスタートすることになった。なお、八戸港湾で観測されたこの地震の記録は、現在でも耐震設計における動的解析の入力地震波としてよく用いられている。

新耐震設計法

１９７８年には宮城県沖地震（Ｍ７・４）が起き、大きな被害が発生する。これを受け、１９８１年には１９６８年十勝沖地震後から始まっていた新しい耐震設計法が、建築基準法に反映されることになる。いわゆる「新耐震設計法」である。「新耐震設計法」では、建物の共用期間中に数回程度発生すると考えられる中地震に対しては、軽微な被害に抑えることを目標とした一次設計と、共用期間中に一回発生するかどうかの大地震に対しては、崩壊を防止し、人命を保護することを目標とした二次設計の二段階の目標を定めている。一次設計においては建築物の各部材に対して許容応力度設計を行い、二次設計では、保有水平耐力、すなわち建物の崩壊時の耐力を計算し、大地震動に対する安全性を確認する。

地震荷重は、層せん断力で表される。図７のように、i階に作用する層せん断力Q_iは、

$$Q_i = W_i \times C_i$$

で表される。ここでW_iはi階より上部の全重量であり、C_iは層せん断力係数である。この層せん断力係数C_iは

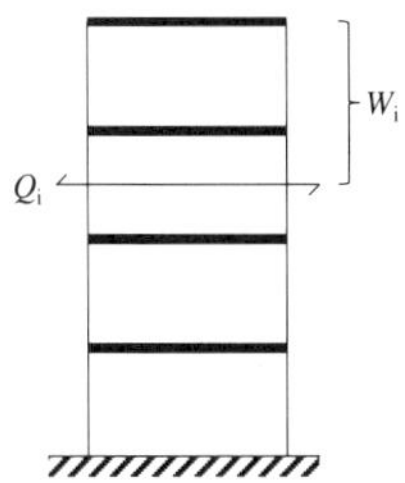

図７　層せん断力

$$C_i = Z \times Rt \times A_i \times C_0$$

と表される。ここで、Zは地震地域係数であり、地域的な地震の頻度を考慮して決定された割引係数である。関東から近畿にかけての地域や東北、北海道の太平洋側の地域は1・0、東北地方の日本海側、中国地方、四国地方、九州地方の太平洋側は0・9、九州北部、北海道北部などは0・8、沖縄は0・7となっている。Rtは建物の建つ地盤の特性を表した振動特性係数である。この係数では、地盤の硬軟で第一種地盤（硬質地盤）、第二種地盤（第一種、第三種以外）、第三種地盤（軟弱地盤）の三種類に分け、建物の固有周期に応じて地震力を減少させる役割をする。A_iは層せん断力係数の高さ方向の分布を示す係数であり、建物の上部に行くにしたがって大きくなる。C_0は標準せん断力係数であり、一次設計では一般に0・2が用いられる。

一方、二次設計では、標準せん断力係数C_0として、1・0が用いられ、剛性の偏りや建物の粘り強さを評価した設計用層せん断力である必要保有水平耐力Qun_iは、標準せん断力係数C_0が1・0の場合の、i階に作用する層せん断力をQud_iとして、

$$Qun_i = D_s \times F_{es} \times Qud_i$$

で表される。ここで、D_sは構造特性係数であり、構造物の靭性（粘り強さ）と減衰による低減係数である（0・25〜0・55）。またF_{es}は形状特性係数であり、建物の偏心率や剛性率に応じた割り増し係数である（1・0〜2・25）。

この二次設計では、建物自体の保有水平耐力がこの必要保有水平耐力を上回っていなければならない。

性能規定型設計法への移行

１９９５年に発生した兵庫県南部地震では多くの建物が倒壊し、６０００人を超える死者を出した。特に、１９８１年の新耐震設計法導入以前の建物では、建物のピロティ部や中層鉄筋コンクリート構造建物の中間階の層崩壊が多くみられ、被害は甚大であったが、新耐震設計法導入以降の建物では比較的被害が少なかった。このように１９９５年兵庫県南部地震では、新耐震設計法の有効性が証明された一方、建物自体の耐震性能とその建物が大地震を受けた時の被害程度の関係を明らかにし、設計者側と建物オーナー側が事前に共通した認識を持つ必要があることが指摘された。そこで、２０００年の建築規準法の改正に当たって耐震設計にも性能規定型の設計の概念が導入されることになる。そして、この性能規定型設計法の概念に基づいた耐震安全性の検証方法として、これまでの許容応力度による計算法だけでなく、限界耐力計算法が新たに導入された。限界耐力計算法は、告示によって規定された工学的基盤における地震加速度応答スペクトルに対して、建物と地盤の動的相互作用を考慮した建設地の地盤増幅特性を掛けることで求められる入力地震動のスペクトルと、等価な一自由度系に縮約した建物モデルから、その変形に応じた固有周期、減衰を計算し、それに基づいて地震力を算定する方法である。この方法では、新耐震設計法の一次設計に相当する、建物の継続的な使用に対して有害な損傷が発生しない限界点を損傷限界、二次設計に相当する、建物が大破、倒壊せず、人命の安全が確保できる限界点を安全限界と定め、これらの二つの限界状態において目標値との比較から安全性の検討を行う。さ

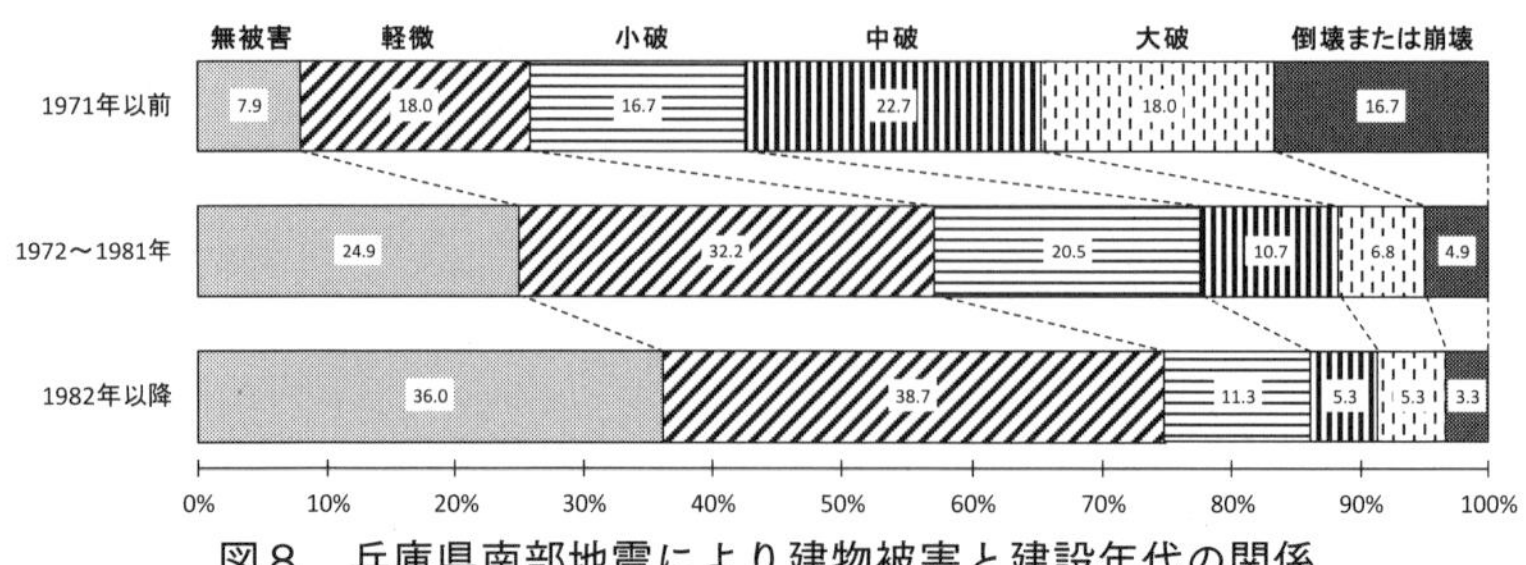

図８　兵庫県南部地震により建物被害と建設年代の関係
（神戸市中央区の悉皆調査データによる）

らに、２００５年には限界耐力計算法と同様、性能規定型設計法の概念に基づいた耐震安全性の検証方法として、エネルギー法が導入された。このエネルギー法では建物の耐震安全性は地震による入力エネルギーを建物が吸収できるかどうかによって判定される。

耐震設計法の高度化と建物被害

図８は、建築震災調査委員会が行った神戸市中央区の悉皆調査結果のデータ（平成７年阪神・淡路大震災 建築震災調査委員会中間報告）による建設年代と建物被害の関係である。建物の建設年代を１９７１年の建築基準法改正以前、１９８１年の新耐震設計法導入以降とそれらの移行期の三つに分け、それぞれの建物の被害状況を集計したものである。これによると、新耐震設計法導入後の建物の大破、倒壊または崩壊といった大被害は１９７１年以前の建物に比べて優位に減少していることが分かり、新耐震設計法の導入に一定の効果があったことを示している。

耐震設計は、多くの被害地震を経験しながら高度化されていき、新しい基準で建てられた建物の地震被害は減少する傾向にあるが、古い基準で建てられた建物、いわゆる『既存不適格建物』はいまだに数多く存在し、大地震に見舞われるたびに大きな被害をもたらしている。地震による建物の倒壊によって生じるがれきを減らし、低炭素社会の実現に資するためには、耐震補強によって、このような『既存不適格建物』の耐震性を上げることが急務であることは言うまでもない。

また、現時点では、高さが60メートルを超える超高層建築物や特殊な建築物では、建設予定地の詳細な危険度評価や地震動シミュレーションによって算定された設計用入力地震動（サイト波）や既存の強震観測記録を用いて、建築物の動的応答解析が行われ、これに基づいて耐震設計が行われている。一方、限界耐力計算法では、地域ごとに想定される工学的基盤の地震動と建設地の地盤増幅特性を用いて、建設地の地表面における地震動を想定しており、地震地域係数と振動特性係数によって地震力の地域差を表現していた新耐震設計法に比べれば、格段の進化であると言える。全ての建物に対する耐震安全性の検証において動的応答解析が行われるべきであるとまで主張するつもりはないが、今後、地震動予測の精度がさらに向上すれば、一般的な建築物においても、その建設地における詳細な地震動予測結果に基づいて地震力を算定し、設計に反映させることができるようになるだろう。これによって、地震による建物の倒壊で尊い人命が奪われることのない世の中が実現し、延いては地震によって発生した災害廃棄物の処理によって無駄な二酸化炭素の排出が減少する社会が構築されることを願わずにはいられない。

◎参考文献

環境省　『災害廃棄物処理情報サイト』　http://kouikishori.env.go.jp/
兵庫県生活文化部環境局環境整備課　１９９７　『阪神・淡路大震災における災害廃棄物処理について』

地震調査研究推進本部ホームページ　http://www.jishin.go.jp/main/p_shokai01.htm

Boore, D. M.　1983　Stochastic simulation of high frequency ground motion based on seismological models of radiated spectra, *Bull. Seism. Soc. Am.*, 73, 1865-1894.

Schnabel, P. B., Lysmer, J. and Seed, H. B.　1975　SHAKE A computer program for earthquake response analysis of horizontally layered sites, *Report No. EERC75-30*, University of California, Berkeley

Midorikawa, S., M. Matsuoka and K. Sakugawa　1994　Site Effects on Strong-Motion Records Observed During the 1987 Chhiba-Ken-Toho-Oki, *Japan Earthquake, Proc.*, 9th Japan Earthq. Eng. Symp., E-085 - E-090.

佐野利器　１９１６　『家屋耐震構造論』震災豫防調査會報告 83（甲）、15-70

建築震災調査委員会　１９９５　『平成7年阪神・淡路大震災 建築震災調査委員会中間報告』

第3章

持続可能な開発に向けた建築構造・材料のあり方

山口　謙太郎

持続可能な開発（Sustainable Development）とは

本章では地球環境負荷の低減に寄与する持続可能な開発について、建築構造や建築材料の分野で行われてきた取り組みや、今後のあり方について考える。

１９９２年、ブラジル・リオデジャネイロで開催された「国連環境開発会議」では、「環境と開発に関するリオ宣言」とそれを実現するための行動計画「アジェンダ21」が採択され、現在に至る地球環境保全や持続可能な開発の考え方のベースが作られた。それから20年後の２０１２年6月に、同じくリオデジャネイロで「国連持続可能な開発会議」（「リオ＋20」）が開催され、国際社会では環境保全と経済成長の両立を目指す「グリーン経済」への移行が喫緊の課題になっている（参考文献１）。

持続可能性（Sustainability）については、今日、これを取り扱う分野によって様々なとらえ方がなされているが、ここでは地球環境とその開発という視点から、この章で取り上げる定義を明らかにし、認識の共有を図る。

米国フロリダ大学のCharles J. Kibert教授は、その「持続可能性」について、自身の著書“SUSTAINABLE CONSTRUCTION”の中で以下のように説明している（参考文献２）。

持続可能性は１９８１年に、環境に関するアメリカの著名な専門家であり、何年間もWorldwatch Instituteの長であったLester Brownによって定義された。彼は“Building a Sustainable Society”の中で、持続可能な社会を「将来の世代の可能性を減らすことなく、そのニーズを満たすことができるもの」と定義している。その後、1987年に、当時のノルウェーの首相、Gro Bruntland によって行なわれた委員会では、Lester Brown の定義を利用して、Sustainable Development を「将来の世代がそのニーズを満たす能力を損なうことなく、現在のニーズを満たすこと」と言い表した。

持続可能な開発や持続可能性は「現代人は単に将来の世代から資源や環境を借りているだけ」という世代間の正義と認識のための呼びかけを強く提案している。

持続可能性について議論すると、原始時代のような自然との共生が最も望ましいという意見が出ることもあるが、ここでは先述の Lester Brown や Gro Bruntland によって提案された「現在の世代と将来の世代が共にニーズを満たす」という考え方に基づいて、建築構造や建築材料の分野での取り組みを考える。

持続可能な建築生産に向けた手段

前節で述べた「持続可能な開発」を建築関連分野で遂行していくにあたり、有効な手段にはどのようなものがあるだろうか。一般に、「地球環境に優しい社会」を実現していくために、自然エネルギーの利用や3R（スリーアール）と呼ばれる活動が有効であることは初等教育や中等教育でも学ぶ。建築生産活動においてもそれらが有効であることには変わりないが、例えば3Rは「ゴミを減らすための3つの取り組み（参考文献3）」などと紹介されることもあるので、ここでは改めて、現在実施や検討が進められている「持続可能な建築生産に向けた手段」をまとめる。

（1）リデュース（Reduce）

「持続可能な建築」を考えるとき、「減らす」という意味のリデュースは省資源、省エネルギーの観点から非常に重要で優先順位が高く、かつ様々な「減らす取り組み」に幅広く適用されている。代表的なものに以下のような取り組みがある。

（a）建築を運用する際の冷暖房等に要するエネルギーを節約できる熱環境・設備計画を行う。
（b）建築構造材料や構造部材を高強度化・高靱性化することで部材断面を小さくし、材料の使用量を減らす。
（c）建築構造材料や構造部材の耐久性を高めることで建築物の寿命を延ばし、建て替え回数を減らす。
（d）建築物の運用期間に応じた適切な補修・改修を計画的に行うことで建築物の寿命を延ばし、建て替え回数を減らす。
（e）既存建築物のリノベーションを行ってその必要性を回復させ、建て替え回数を減らす。

建築物のライフサイクルエネルギーやライフサイクルコストを考えると、建築物の運用時に消費するエネルギーや必要なコストは建設時を大きく上回ると言われている。このことから、（a）～（e）の取り組みの中で最優先されているのは（a）であり、前述の「自然エネルギーの利用」などもその中で検討されることが多いが、この（a）は主に建築環境分野で取り組まれる事項であるので、その詳述は他章に譲る。

（a）以外で目立つのは、（c）～（e）に共通する「建築物の建て替え回数を減らす」という取り組みである。これらの取り組みは、数年前までは建築生産活動、特に新築の生産活動の縮小化を指向するものとして歓迎されてこなかった。しかし、近年では、経済の停滞や増大する建築ストック、しかもそれらの躯体（構造体）の多くが必要な耐力や耐久性をまだ有しているという事実などが相まって、ボトムアップのかたちで徐々に重視されてきている。

（2）リユース（Reuse）

現在、アメリカカトリック大学で助教授をしているBradley Guy氏は、本章著者の山口らと２００８年にまとめた著書「循環型の建築構造」の中で、建築のDesign for Disassembly（DfD）について詳述している（参考文献４）。Design for Disassemblyは「解体を考慮した設計」と訳すことができる。建築物を建てる段階から解体するときのことを考え、建築材料のリユースやリサイクルがしやすいように設計することを指す。ＤｆＤは、いわゆる「スケルトン・インフィル」を行いやすくすることで建築物の長寿命化にも寄与する。同書の中で、Guy氏は以下のような建築物資源管理目標のヒエラルキー（優先順位）を紹介している。

建築物資源管理目標のヒエラルキー（参考文献５）

①　ＤｆＤを取り入れた既存建築物の適応性のあるリユース

②　新築建物の適応性と長寿命を実現するＤｆＤ

③　組立建材（building assemblies）のリユース
④　建築用部材（building components）のリユース
⑤　建築用部材の再製造
⑥　建築材料のリユース
⑦　材料のリサイクル
⑧　建築物の要素、部材、材料から回収したエネルギーの再利用
⑨　建築材料の生物分解
⑩　資源やエネルギーの将来的な回収を前提とした埋め立て確保

このヒエラルキーには①以外に「リデュース」の取り組みは含まれていない。①は既存建築物のリノベーションを行う際にＤｆＤを行うことを意味しており、かなり高度である。ここで注目したいのは③、④、⑥、⑦あたりで、リユースはリサイクルより優先順位が高い。これはリサイクルが1回の循環を行う度に材料の再製造工程を経る必要があるためで、３Ｒの優先順位（リデュース、リユース、リサイクル）とも一致している。また、①、③、④、⑥の順序から、一度組み立てたものをなるべく解体せずにリユースできるほうがより望ましいといえる。

とはいえ、現在、日本において実際に建築材料やそれを組み立てたものをそのままリユースすることはかなり難しく、仮設建築物以外で建築材料のリユースを推進するには、さまざまな工夫や配慮が必要である。

（3）リサイクル（Recycle）

先述の建築物資源管理目標のヒエラルキーにおいて、材料のリサイクルの優先順位は⑦とあまり高くないが、比較的取り組みやすいことも事実であり、今日さまざまな建築材料がリサイクルによって作られたり、次の用途に使われたりしている。例えば、建築物の解体で得られた木材はチップ化され、パーティクルボードなどにリサイクルされる。また、鋼材をスクラップ化して電気炉で溶解し、新たな鋼材等を製造する鉄のリサイクルはかなり以前から行われており、その技術も成熟している。

前項のリユースや本項のリサイクルは「持続可能な開発」を遂行する上で有効な「資源循環」のための技術として、国内外で推進されている。また、先述のヒエラルキーの⑧はサーマルリサイクル、サーマルリカバリー、熱回収、バイオマス熱利用などと言われるものに相当する。同ヒエラルキーの⑨は自然界へのリターンサイクルとして、優先順位は低いが「資源循環」に寄与するものである。なお、同ヒエラルキーの⑩のように、多くの国では廃棄物は可燃物でも焼却ではなく集積場（写真１）に埋め立てで処理されることが一般的である。

写真１　海外の廃棄物集積場
（上：米国、下：スリランカ）

持続可能な建築生産に向けた国・自治体・諸団体の対応

環境省が発行する平成26年版の環境白書・循環型社会白書・生物多様性白書には、環境基本法、循環型社会形成推進基本法、生物多様性基本法の規定に基づく状況報告と施策が記述されている。同白書には、本章の最初の節に述べたような世界の動向を受けて行われている日本の建築構造、材料、生産に関連する取り組みや状況として、以下のようなものが紹介されている（参考文献6）。なお、ここでは建築環境や省エネルギーに関するものは省略する。

（a）住宅の寿命（建設から建て替えで取り壊されるまでの平均経過年数）について日本と欧米を比べると、米国は約67年、英国は約81年であるのに対し、日本は約27年しかなく、これからの住宅は、「つくっては壊す」というフロー消費型から、「いいものをつくって、きちんと手入れして長く大切に使う」というストック型への転換が求められていること

（b）2000年に制定された建設工事に係る資材の再資源化等に関する法律（建設リサイクル法）に基づいて、コンクリート塊、アスファルト・コンクリート塊、建設発生木材の3品目の再資源化がまず重点的に進められており、次いで建設汚泥の再資源化や建設発生土の有効利用が推進されていること

また、2001年に国土交通省の主導で産官学共同の研究委員会が設立され、開発・提案された「建築環境総合性能評価システム　CASBEE（Comprehensive Assessment System for Built Environment Efficiency）」

は、以後継続的に開発とメンテナンスが行われている（参考文献７）。ＣＡＳＢＥＥは評価する対象に応じて、２０１４年現在、「ＣＡＳＢＥＥ－戸建、住戸ユニット、健康、建築（新築、既存、改修）、不動産、インテリア、ＨＩ（ヒートアイランド）、街区、都市」の各評価ツールが提案され、運用に供されている。「ＣＡＳＢＥＥ－健康」はすまいやコミュニティの健康チェックリストを提案するものである。

ＣＡＳＢＥＥでは、環境性能効率ＢＥＥ（Built Environment Efficiency）の値の大小によって環境性能を評価する。ＢＥＥはＱ（建築物の環境品質）をＬ（建築物の環境負荷）で除すことによって求め、基本的にＢＥＥの値が大きいほど環境性能が高いと評価される。ＢＥＥ値に影響を与える建築構造、材料、生産に関連する内容としては、例えばＣＡＳＢＥＥ－建築（新築）ならＱ値を左右する「Ｑ２　サービス性能」の項目に「耐震性、免震・制振性能、部品・部材の耐用年数」や「対応性・更新性（空間のゆとり、荷重のゆとり）」などがあり、Ｌ値を左右する「ＬＲ２　資源・マテリアル」の項目に「材料使用量の削減、既存建築躯体等の継続使用、リサイクル材の使用、持続可能な森林から産出された木材の使用、部材の再利用可能性向上への取組み」などがある。ＣＡＳＢＥＥ－建築（既存）では上記の「対応性・更新性」に「適切な更新がなされているか」という項目が加わる。ＣＡＳＢＥＥ－建築（改修）では、ＣＡＳＢＥＥ－建築（新築）とＣＡＳＢＥＥ－建築（既存）の評価基準を参照しながら改修前と改修後の環境性能を評価し比較できる。

ＣＡＳＢＥＥは更に自治体において地方行政に活用されている。２０１４年現在、政令指定都市を中心に全国24の自治体で、「建築物環境配慮制度」の届出制度などにＣＡＳＢＥＥが活用されている。その際、自治体の行政の考え方や地域特性に応じて、適宜ＣＡＳＢＥＥの評価基準や評価項目間の重み係数の変更が行われてお

写真2　LEEDの認証を受けた事例（米国）

り、自治体の環境施策上の誘導的な措置を導入することも可能とされている（参考文献8）。

なお、建築物の総合的な環境性能評価手法については、諸外国でも開発と提案が行われており、米国ではU.S. Green Building Councilが運営するLEED（Leadership in Energy & Environmental Design）が普及している（参考文献9）。LEEDには、2014年現在、Building Design and Construction／建築設計および建設（BD+C）、Interior Design and Construction／インテリア設計および建設（ID+C）、Building Operations and Maintenance／既存ビルの運用とメンテナンス（O+M）、Neighborhood Development／近隣開発（ND）、Homes／ホームの5種類の認証システムがある（参考文献10）。2000年から2013年までにLEED for Homesを除いて世界で19000件以上がLEEDの認証を受けており（写真2）、日本でLEED認証を受けた建築物も徐々に増えつつある（参考文献11）。

建築関連の学界・産業界の取り組みとしては、２００９年12月に日本建築学会、日本建築士会連合会などの建築関連17団体によって提言「建築関連分野の地球温暖化対策ビジョン２０５０」が出され、建築は二酸化炭素排出の少ないエコマテリアル利用を推進することが方針の一つに掲げられている（参考文献12）。また、日本建築学会からは２０１０年４月に提言「建築の構造設計－そのあるべき姿」が出されており、そこには「構造の耐久性を高め、省資源・再資源化・再利用を目指すことにより、地球環境に配慮した建築の実現に寄与できる。特に、既存建物を補強改修により継続利用・再利用することは環境配慮に対して大きな効果を生む。」という持続可能な建築構造を目指す姿勢が一項目謳われている（参考文献13）。

現時点での課題、取り組みと今後の展望

前節までに述べてきたように、近年、日本国内でも持続可能な開発に有効な建築構造、材料、生産が以前より明確に指向されるようになり、さまざまな取り組みが盛んになりつつある。

３Rで最も優先されるリデュースの取り組みでは、近年はリノベーションへの関心が高い。リノベーションは程度がさまざまで、耐震補強を含む大規模な改修を行って、確認申請を行い、新築と同等の法的権利を取得するものを、首都大学東京特任教授で建築家の青木茂氏らは「リファイニング建築」と呼んでいる（参考文献14）。青木氏は団地等のリファイニングで多くの実績と知見を有している。

一般的なリノベーションは、前述のリファイニングほどの明確な定義はないが、例えば集合住宅で間取りの

変更を伴うような比較的大規模な改修を指すことが多い（参考文献15）。また、用途の変更が伴うようなリノベーションはコンバージョンと言われることがある。一方、室内の壁、床、キッチンなどの比較的小規模な改修工事はリフォームと呼ばれる。加えて、近年、不動産業界では建築に設備や什器備品、家具などが付いたまま売買または賃貸借される物件が増加している。これらは「居抜き」と呼ばれ（参考文献16）、例えば飲食店などでは居抜きにより最小限の改修で次の利用者による運用が可能になっている。

また、あまり大規模でないリノベーションやリフォームは、専門性の高い工事のみを大工などの専門家に依頼し、その指導や助言を受けながら使用者自身がいわゆるＤＩＹで工事を行うことも増えつつある。愛好者たちはＳＮＳなどで情報を共有しながら活動し、全国各地でＤＩＹやリノベーションのワークショップなども行われている。イラストレーターのアラタ・クールハンド氏は米軍ハウスや戦後の文化住宅を自らリノベーションして住んだり、カフェに再生したりしながら、その魅力を数編の著書に表現している（参考文献17）。また、九州大学の学生サークル「糸島空き家プロジェクト」は、福岡県の糸島地区に存在する空き家をＤＩＹでリノベーションし、学生シェアハウスや古民家カフェ等へと再生している（写真３）（参考文献18）。

このような活動はリデュースだけでなく、リユースの取り組みとしても非常に有意義である。本章の２つ目の節で触れた著書「循環型の建築構造」の中で、国際ＮＧＯの Habitat for Humanity（HfH）が米国ノースカロライナ州の支部での活動において、建築物の解体で回収された建築材料を一般の人に販売し、低所得者の住宅を建設する活動の資金にしていることを紹介した（写真４、写真５）（参考文献４）。米国には日本の寄付金控除に似た寄付控除制度があり、非営利団体へ現金、建材、奉仕事業、製品を寄付すると控除の対象となる。そ

写真３　糸島空き家プロジェクトの改修事例

写真４　建築物の解体と解体材の金物撤去作業（米国 HfH）

写真５　HfH of Wake County の解体建材販売所（米国）

写真６　自宅や別棟の DIY による改修（米国）

写真７　ボランティア参加型の住宅建設工事（米国 HfH）

のため、解体する建築物を Habitat for Humanity に寄付すると、建材を寄付したものとして税控除の対象になる。このことは寄付を行う側の助けになっている。

また、米国で木造といえば枠組壁工法（２×４工法）が主流であるが、２×４工法に用いられる木材は規格化されているため、部材の寸法にばらつきが少なく、再利用に適している。加えて、米国では若い世代が住宅を購入する際に、資金が十分でないことから古い戸建住宅を購入し、週末毎にＤＩＹでリノベーションやリフォームを少しずつ行って魅力ある住まいに改修していく人が少なくない（写真６）。その住民が転居するときには改修によって住宅の不動産価値が上がっていることもある。また、Habitat for Humanity の住宅建設には現場周辺の住民がボランティアで集まり、趣味感覚で工事に参加している（写真７）。このように米国ではＤＩＹが盛んで、Habitat for Humanity が販売する中古建材は比較的よく売れ、中古建材市場が活発である。

専門業者に工事を依頼すると、その出来映えを確認する発注者の目は厳しくなりがちだが、自分で改修を行うと仕上がりは実力次第になり、それを想定して使用する材料も実物を見ながら選択できることが多いので、価格を重視して質の妥協点が下がることも珍しくない。このことが、ＤＩＹが盛んになると中古建材市場も活発になる一因と考えられる。

建設リサイクル法によって、コンクリート塊、アスファルト・コンクリート塊、建設発生木材の３品目の再資源化がまず重点的に進められていることは前節で紹介したが、それらの再資源化率の推移（参考文献19）を図１に示す。前記３品目の再資源化率は２０００年の建設リサイクル法制定以後に大きな伸びを見せ、３品目のうち再資源化が比較的遅れていた建設発生木材も２０１２年度には89％に達している。同法には、建設発生木材については工事現場から50km以内に再資源化施設がなければ縮減（単純焼却処分）でよいとする規定があり、２００５年頃までは縮減の割合が大きかったが、２０１２年度には約５％にまで小さくなっている。しかし、建設発生木材の再資源化率には本章の２つ目の節で説明したサーマルリサイクルが含まれている。

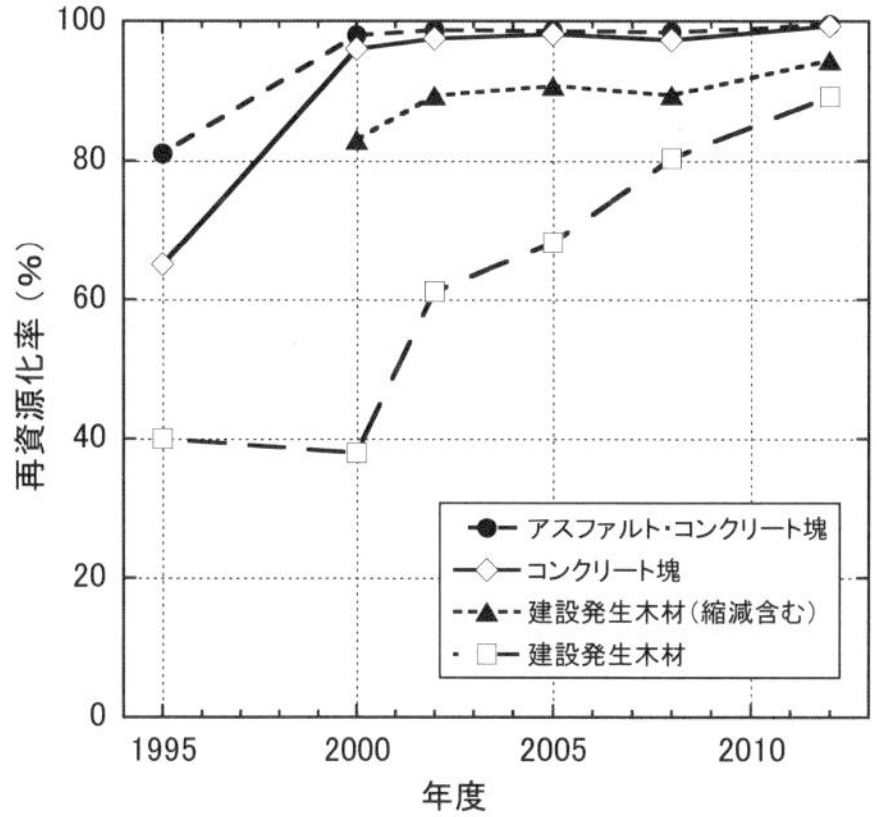

図１　建設副産物の再資源化率の推移（日本）

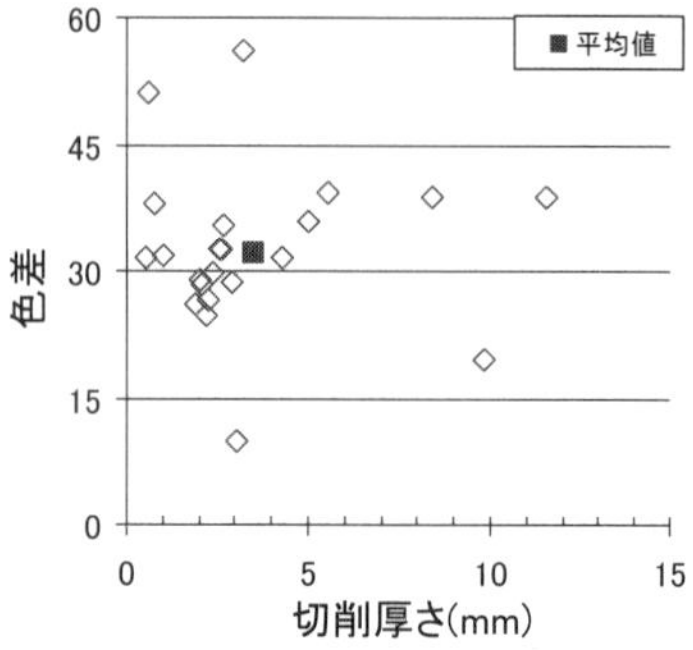

図２　切削厚さと色差の関係

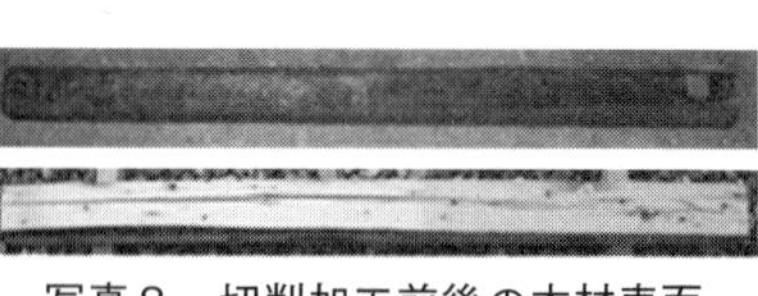

写真８　切削加工前後の木材表面
（上：加工前、下：加工後）

サーマルリサイクルはCO_2が発生する行為であり、植林などでCO_2を吸収する森林面積が保持されることが前提となっているが、世界的に見れば森林面積が減少していることは明らかであり、自国の責任を果たすだけでなく地球のためにサーマルリサイクルはマテリアルリサイクルに転換していくべきである。

図2は築49年〜74年の3棟の建築物の解体で発生した木材について、平面が出るまでその1面を切削した際の切削厚さと、切削前後の色差を測定した結果である（参考文献20）。切削加工前後の木材の表面を併せて写真8に示す。色差とは明度のL^*軸と色相のa^*軸、b^*軸を持つ3次元色空間上の移動距離で、色の違いを表す。色差ΔE^*が13〜25を超えると別の色名のイメージになるといわれている（参考文献21）。図2より、木材は表面から5mm程度切削するうちに色味が大きく変わり、写真8に見られる新材のような表面が現れる。同研究（参考文献20）では解体材から抽出した無欠点試験体の曲げ試験や圧縮試験を行い、ほとんどの試験体の強度が無等級材の基準強度を上回った。

筆者らはこれらの研究成果を受けて、建築解体材のリユースによる木造耐震要素などの開発研究を行っている。本章の2つ目の節で述べたように、建築解体材をチップ化し、ボード等に再生するリサイクルは実用化されているが、筆者らは木材を必要以上に細かく裁断せず、自然が育んだ木材の強い組織を活かす再利用法の提

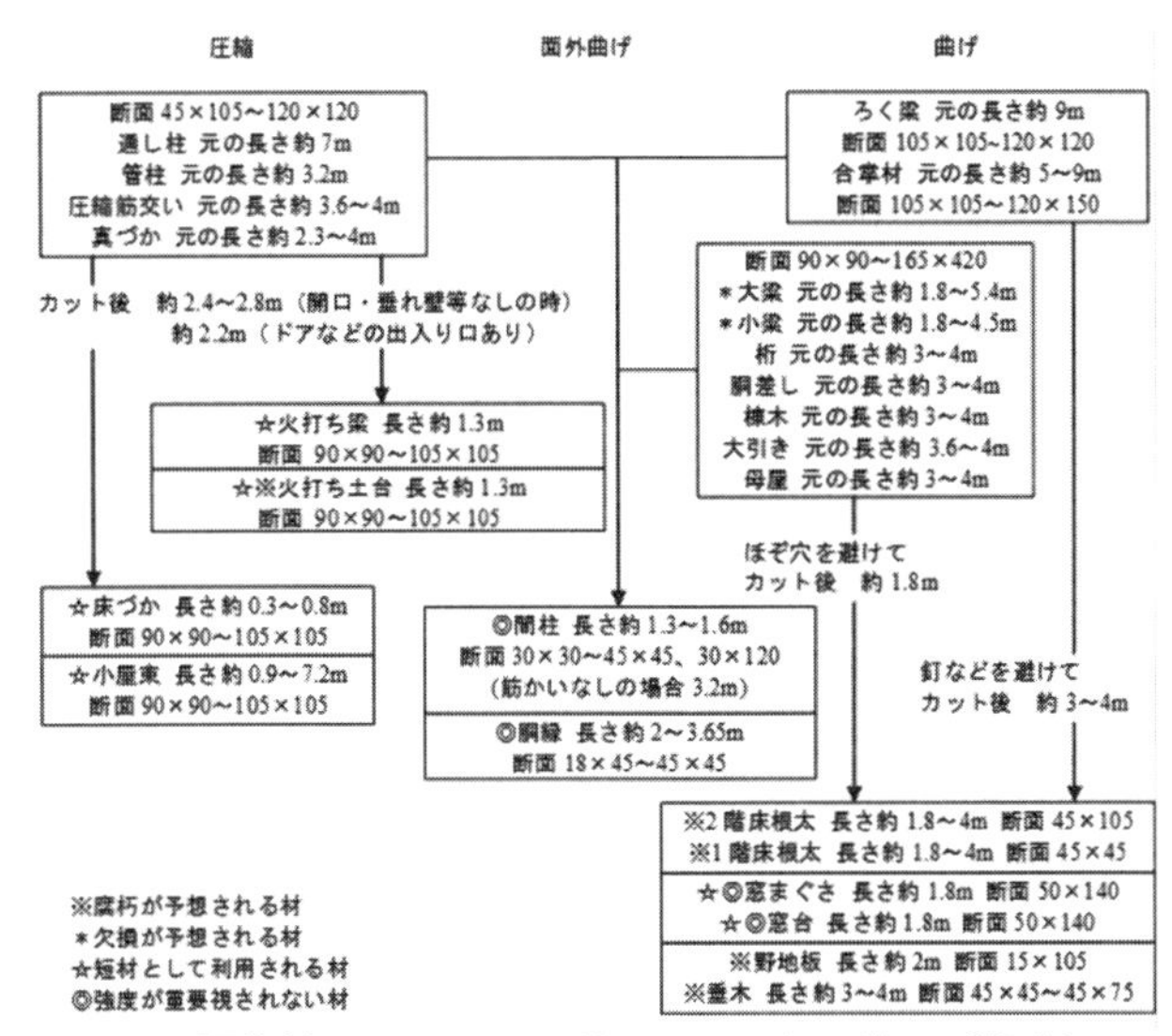

図３　解体材をカスケード利用するときの流れ（提案）

案を目指している。解体で得られる材の断面寸法や長さ、腐食や欠損の除去、使用時に受けていた応力などを考慮してまとめた「解体材をカスケード利用するときの流れ」を図3に示す（参考文献22）。カスケードは多段階的に流れ落ちる小さな滝を意味する言葉で、無理して同じ用途でリサイクルするのではなく、用途を変えながら可能なリユースやリサイクルを行うことをカスケード利用と呼んでいる。また、筆者らは解体材を筋交いや中間材にカスケード利用して構成する筋交い架構の開発研究を行っており（参考文献23）、写真9はその水平載荷実験の状況を示している。建築解体材には、ほぞ穴・ボルト穴・釘穴等が存在し、外力・乾燥による変形

写真９　解体材を筋交い等に再利用できる架構の水平載荷実験

や、腐朽・虫害による欠陥部等の存在が想定される。解体材を再利用する場合、そのような欠陥を除去しながら製材すると、長さが短く、断面が小さい材となる。そのような寸法の小さい材を有効利用する方法として、写真9のような筋交い架構を検討・開発している。

建築解体材の再利用を推進するには、利用者の意識改革と材の加工・供給体制の構築が不可欠である。前者には「中古材は汚いから避けたい」という意識（先述のアラタ・クールハンド氏はこれをストコーマという心理学用語で説明していた）の転換と、本当に材料として強度や耐久性に問題がないかを示して安心を得る試験方法の開発が必要である。後者には、現在、建築用木材の流通の軸となっているプレカット工場が、解体材には釘などの金物が材の中に残存している可能性があるため、加工を引き受けてくれないという問題がある。これを解決するには残存する金物を確実に見つける検査方法の開発が欠かせない。

鋼材のリサイクルは先述したように、現在も安定的に行われている。日本の鉄鋼生産量に占める鉄スクラップ由来の鉄鋼の割合は35％程度で、世界的に見ても40％弱が鉄スクラップのリサイクルによるものと説明されている（参考文献24）。日本鉄リサイクル工業会は現状の問題点として、環境配慮のために一部の鋼材の軽量化・高強度化が進められ、そのために鉄に各種の微量元素が添加されてリサイクルが難しくなりつつあることを指摘している（参考文献24）。

コンクリートについては図1に示したように、２０１２年度には建設副産物の約99％が再資源化されている。しかし、リサイクル品の約9割が再生砕石、約1割が再生砂であり（参考文献25）、再生砕石は主に道路建設のための路盤材として利用されてきた。今後、良質な天然骨材の枯渇やコンクリート廃棄物量の増加が懸念されており、２００５年から２００７年にかけてコンクリート用再生骨材の日本工業規格（JIS A 5021, 5022, 5023）が整備され、２０１４年には日本建築学会から「再生骨材を用いるコンクリートの設計・製造・施工指針（案）」が出版された（参考文献26）。これらの条件整備が奏功するよう、再生骨材の製造コストの低減や、それを補完する付加価値の創出に向けた継続的な技術開発が求められる。

Sustainable Development は「持続可能な発展」と訳されることも少なくない。持続可能な発展に向けて建築構造や建築材料の分野で取り組めることは、本章で取り上げたもの以外にも沢山ある。例えば本章の２つ目の節で述べたリデュースの取り組みの（d）には建築物の耐震診断や耐震改修を行うことも含まれるが、それらは近年、日本国内において、学校建築などを中心に盛んに実施され、膨大な知見が集積している。今や、建築の計画、環境のみならず、構造、材料、生産に関する職業に就く場合も地球環境負荷や持続可能性への配慮は欠かせない。次世代をリードする本書の読者には、継続的な情報収集と的確な状況判断を行う能力を研いていくことが期待されている。

◎参考文献

1．外務省：リオ＋20～持続可能な未来を創るために、２０１２年、http://www.mofa.go.jp/mofaj/press/pr/wakaru/topics/vol91/index.html
2．Charles J. Kibert: Sustainable Construction: Green Building Design and Delivery, John Wiley & Sons, 2005
3．学研教育出版：環境なぜなぜ１１０番、http://kids.gakken.co.jp/kagaku/eco110/answer/a0119.html
4．山口謙太郎、川瀬 博、Bradley Guy：循環型の建築構造－凌震構造のすすめ－、技報堂出版、２００８年
5．Morgan, C., and Stevenson, F.: Design and Detailing for Deconstruction - SEDA Design Guides for Scotland: No. 1, Edin-

burgh, Scotland: Scottish Ecological Design Association (SEDA), 2005
6. 環境省：平成26年版 環境・循環型社会・生物多様性白書、２０１４年
7. 建築環境・省エネルギー機構：CASBEE 建築環境総合性能評価システム、http://www.ibec.or.jp/CASBEE/index.htm
8. 建築環境・省エネルギー機構：自治体による CASBEE の活用、http://www.ibec.or.jp/CASBEE/local_cas.htm
9. U.S. Green Building Council: LEED, http://www.usgbc.org/leed
10. グリーンビルディングジャパン：LEED 認証システム、http://www.gbj.or.jp/leed/ratingsysytems/
11. 大林組：技術研究所本館テクノステーションが LEED-EBOM のプラチナ認証を国内最高得点で取得、２０１３年、http://www.obayashi.co.jp/press/news20131030_01
12. 日本建築学会：提言「建築関連分野の地球温暖化対策ビジョン２０５０」、２００９年、http://www.aij.or.jp/scripts/request/document/20091222-1.pdf
13. 日本建築学会：提言「建築の構造設計－そのあるべき姿」、２０１０年、http://www.aij.or.jp/scripts/request/document/20100419-1.pdf
14. 青木茂：住む人のための建てもの再生－集合住宅／団地をよみがえらせる、総合資格、２０１２年
15. OKUTA：リノベーションとリフォームの違い、http://www.okuta.com/renovation/difference.html
16. HOME'S：不動産用語集、http://www.homes.co.jp/words/a2/525001379/
17. アラタ・クールハンド：FLAT HOUSE LIFE、中央公論新社、２００９年
18. 糸島空き家プロジェクト：https://ja-jp.facebook.com/itoyaproject
19. 国土交通省：平成24年度建設副産物実態調査結果参考資料、２０１４年、http://www.mlit.go.jp/sogoseisaku/region/recycle/pdf/fukusanbutsu/jittaichousa/H24sensuskekka_sankou.pdf
20. 山口謙太郎、小山智幸、田中隼斗：一般的な木造建築の建設・改修・解体で生じる環境負荷の低減に向けた基礎的研究 その１ 築49年～74年の木造建築物の解体で発生した木材の劣化状況調査、日本建築学会大会学術講演梗概集、C-1, pp.279-280, ２０１１年

21．日本電色工業：色の許容差の事例、https://www.nippondenshoku.co.jp/web/japanese/colorstory/08_allowance_by_color.htm
22．山口謙太郎、小山智幸：一般的な木造建築の長寿命化と材料再利用による環境負荷の低減に向けた基礎的研究 その１ 築50年を超える教会堂建築の構造解析と材料のカスケード利用に関する検討、日本建築学会九州支部研究報告、第51号・１、pp.625-628, ２０１２年
23．桑田将弘、山口謙太郎、小山智幸、川瀬 博、吉田雅穂：建築解体材の再利用を想定した木造耐震要素の開発に関する研究 その１ K型筋交いを対称に挿入した木造軸組の面内水平載荷実験、日本建築学会大会学術講演梗概集、C-1, pp.93-94, ２０１４年
24．渡邉啓一：鉄スクラップリサイクルの現状、素形材、Vol.51, No.3, pp.21-27, ２０１０年
25．土肥 学：建設リサイクルの現状と更なる推進に向けて、第２回３R連絡会、２０１４年、http://www.3r-suishinkyogikai.jp/event/data/H25R22.pdf
26．日本建築学会：再生骨材を用いるコンクリートの設計・製造・施工指針（案）、２０１４年

第4章

都市持続性の評価手法及び評価システムの開発

趙 世晨

はじめに

１９８０年代からサステナブル・ディベロップメントの概念が提唱されて以来、国際機関や日本の行政機関などがその定義や評価についての研究を行っている。また１９９２年にブラジルのリオ・デジャネイロで開催された国連環境開発会議では「アジェンダ21」が採択された。その中で持続可能な社会を形成させるために地域単位における行動計画の必要性が説かれ、地域ごとの取り組みの重要性が高まった。一方、都市の持続性を評価する手法も開発されている。欧州では「都市評価指標（Urban Audit）」、日本では「ＣＡＳＢＥＥ都市」が著名である。しかしながら、あらゆる国・地域を想定した評価手法は開発されておらず、持続性評価を行動計画に生かすことが出来ていないのが状態である。

さらに、近年、情報技術の発展を背景にインターネット上で地理情報システム（Geographic Information System：GIS）の機能を用いて、情報を共有するＷｅｂ－ＧＩＳが普及している。インターネットを使用できる環境のみ整っていれば、ＧＩＳの機能を使用し、地図・数値情報を閲覧できることが利点である。Ｗｅｂ－ＧＩＳを活用し、あらゆる個人や団体が利用可能となる都市持続性評価システムの開発が可能となった。

Ｗｅｂ－ＧＩＳを利用したシステムの開発に関係する研究は、既にいくつかなされている。例えば地域のハザード情報を地図に落とし「防災マップ」として使用しているものや、データベース（以下はＤＢ）の構築に合わせてまちづくり情報収集システムとして開発している研究などがある。さらに都市の持続性評価システムの研究についても既に存在する。鈴木・加知・戸川らの研究では持続可能な都市構造のあり方の検討に資するシステムとして、「ＳＵＲＱＵＡＳ（Smart Urban area Relocation model for sustainable Quality Stocks）」という評価システムの開発を行っている。この手法ではトリプル・ボトムライン（以下はＴＢＬ）という観点から指標の決定を行っている。本来、ＴＢＬとは企業活動を「経済」だけではなく、「環境」と「社会」を含めた三つの視点から評価する手法である。当研究ではそれら三つを「インフラ維持費用」、「環境負荷物質」、「Quality Of Life」として捉え、都市を評価している。また、大岡らの研究ではＣＡＳＢＥＥの評価方法を踏襲し、都市内外の両方の側面から環境負荷を評価している。しかしながら、以上のようにＷｅｂ－ＧＩＳは地図を媒体とした情報の提示・共有手段として非常に有効であるにも関わらず、都市の持続性評価と統合されたシステムの開発は行われていない。また、都市の持続性を評価する手法に関する研究は複数あり、地方自治体の行政政策に資することを目的とした研究もある。しかしながら、その評価手法自体をＷｅｂ上で評価者が容易に使用可能なシステムまでに確立したものは見られない。

評価システムの概要

以上を踏まえて、我々は数年前より地方自治体などの評価者がＷｅｂ上で容易に都市の持続性を評価することを可能にし、ＧＩＳを利用した評価結果を共有できるシステムの開発を試みた。また、一般に配布されている既存の都市環境性能評価ソフトとして、日本サステナブル建築協会の発行している「ＣＡＳＢＥＥ 都市」がある。本システムでは、指定された評価指標の値を入力し、その値を予め用意された評価基準に従い、得点化した「環境品質」と「環境負荷」の割合により評価を行うシステムである。また、「ＣＡＳＢＥＥ都市」はExcel上で作成されているが、本システムとの共通点はＴＢＬに基づく評価指標を使用し、得点化による評価を行うことである。

一方、相違点と利点については、Ｗｅｂ上で動作するシステムとＤＢサーバーを使用するため、評価基準や評価指標項目などのデータ更新を即座に行えることである。さらに、本システムは評価に使用されたデータの蓄積も兼ねており、評価の回数を重ねることで蓄積したデータや評価結果の公開も可能である。これにより各自治体は他自治体の評価結果を比較することにも利用でき、政策立案に対して新たな示唆を得ることが可能となる。

また、ＧＩＳによる結果出力を採用しているため、地図形式での出力ができ、選定した評価方法に合わせて、異なるスケールによる結果の出力に柔軟な適応が可能である。システムの利用者は全国の自治体等の都市の評価者を想定している。ただし、利用者は評価に必要なデータを所持していること、インターネット環境を有していることを前提条件としており、サイト利用に関して利用者はアカウントを登録する必要がある。

本システムの中には、都市の持続性を評価する手法を組み込むことが必要となるが、ＴＢＬの概念から27個の評価指標を選定し、全国の統計データから基準を決定した上で、各指標を得点化する。さらに、各指標に対してＡＨＰ法を用いた重みづけを行い、先の得点と統合して評価するというものである。この評価方法の構成を図1に、使用する評価指標項目を表1に示す。また、ＡＨＰ法ではそれぞれの評価項目を多階層に分類し、階層ごとに一対比較法を行うことで階層内での重要度を決定することが可能である。この方法の過程を図2に示す。

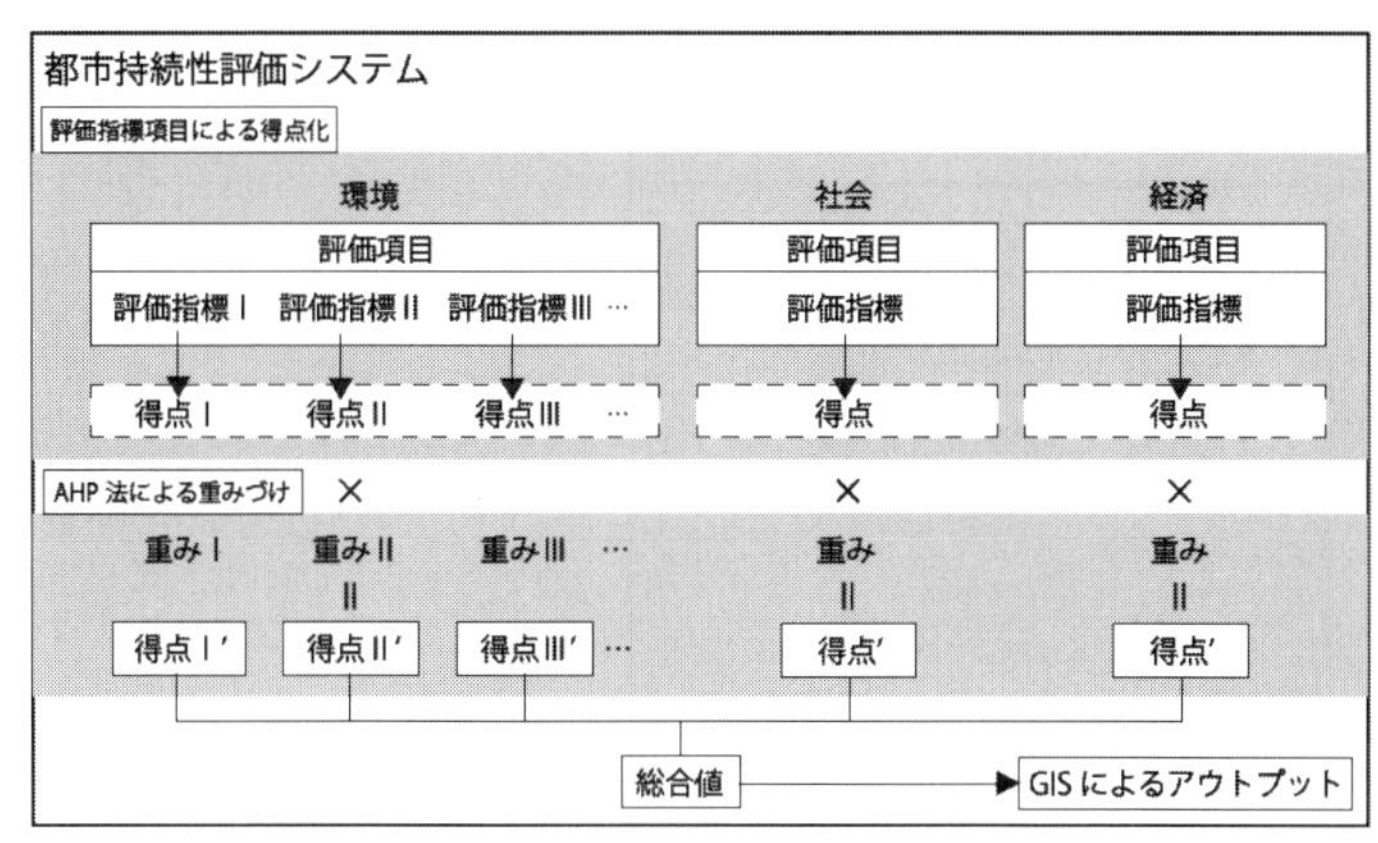

図1　評価手法の構成

本システムの全体構成フローは図3に示す。本システムの利用者（以下はユーザー）がシステムにアクセスすると、ユーザーアカウント登録を行うよう要求される。これはシステムのセキュリティの一つである。初回のアクセスの際にアカウント作成を行い、IDとパスワードを設定することとし、2回目のアクセスからそれらを使用し、ログインを行う。その後、データの入力を行う。ユーザーによる作業は必要なデータのアップロードとAHP法を用いたアンケートへの回答である。必要なデータはGISによる出力を考慮し、シェープファイルと統計資料などのExcelファイルをCSV形式に保存し直したものとし、それらはユーザー側が準備した上で、入力フォームによりアップロードする形を取っている。更に評価に使用する重みを決定するアンケートもこのWebページ上で行う。アップロードされたデータは一時的にWebサーバーに保存され、アンケートの結果は整合度を確認した後、DBサーバーへ格納される。DBサーバーに移されたテーブルデータ（Excelファイル）は選定した評価方法に従い、得点化される。その後、AHP法によって算出した重みを掛け合わせて、評価値とする。この評価後のデータもＤＢに保存しておく。

また、結果を出力する前にユーザーから送られてきたデータを確認・統合する必要がある。この作業は管理者側で行う必要があるため、結果を即座に公開することはできない。そこで、ユーザーがデータをアップロードした直後に表形式の数値結果であれば、閲覧とデータのダウンロードを可能としている。ユーザーが結果を確認した後に、管理者側でデータを確認・統合する手順となっている。統合にはＡｒｃＧＩＳを、結果の公開にはArcGIS for Serverを用いる。公開作業終了後、管理者側からユーザーに公開ページＵＲＬを送信し、ユーザーがＵＲＬにアクセスし、結果を閲覧できる状態になる。

表1　評価指標項目

大項目	中項目	小項目	具体的評価指標	具体的評価方法
環境	都市環境	空気	大気汚染物質排出量(SO2,NO2,Ox,SPM)	4 項目 (SO2,NO2,Ox,SPM) のうち測定地点において環境基準以上を達成した項目数の比率
		水	水消費量	1 人当たり年間生活水使用量（有効水量ベース）
			水質	地下水の水質
		土地	自然被覆率	自治体面積に占める自然的土地面積の比率
			土壌の品質（ダイオキシン類濃度）	対象地におけるダイオキシン類濃度
	資源	廃棄物	廃棄物の排出量	1 人 1 日当たりゴミ排出量 (g)
			資源再利用効率	一般廃棄物のリサイクル率 (%)
	自然環境	環境保全	自然的土地保全率	保全率＝保全数 / 農地 + 森林 + ため池・湖 + 河川・水路 + 用排水路　総数
社会	人口動態	人口	人口自然増減率	当該自治体の人口自然増減率－全国の人口自然増減率
			人口社会増減率	（転入者数－転出者数）/ 総人口
	住環境	安全	防犯	人口千人当たり刑法犯認知件数
		住宅	住宅整備水準（量）	誘導居住面積水準以上の主世帯の割合
	都市基盤	OS	オープンスペース整備水準	1 人当たり公園面積（㎡ / 人）
		都市（防災）	地盤形状	地震による揺れやすさ度合い
		都市	歩行者空間の安全性	人口 10 万人中の交通事故による負傷者
		社会基盤	障害者サービス充実度	障害者施設定員数 / 総人口
			情報システム	インターネット世帯別普及率
			マネージメント（役所）システム	行政評価システムの導入
		交通	公共交通利便性	公共交通機関利用率
	権利	権利	権利の多様性	市民・住民への情報公開度
経済	地方経済	財政	地方自治体財政力	財政力指数
			財政安定度	将来負担比率
		産業	地場産業	実質経済成長率
		雇用	雇用率・失業率	完全失業率
			雇用の多様性（有効求人倍率）	有効求人倍率
		収入支出	所得	1 人当たり県民所得増加率
		企業	企業数	事業所増加率

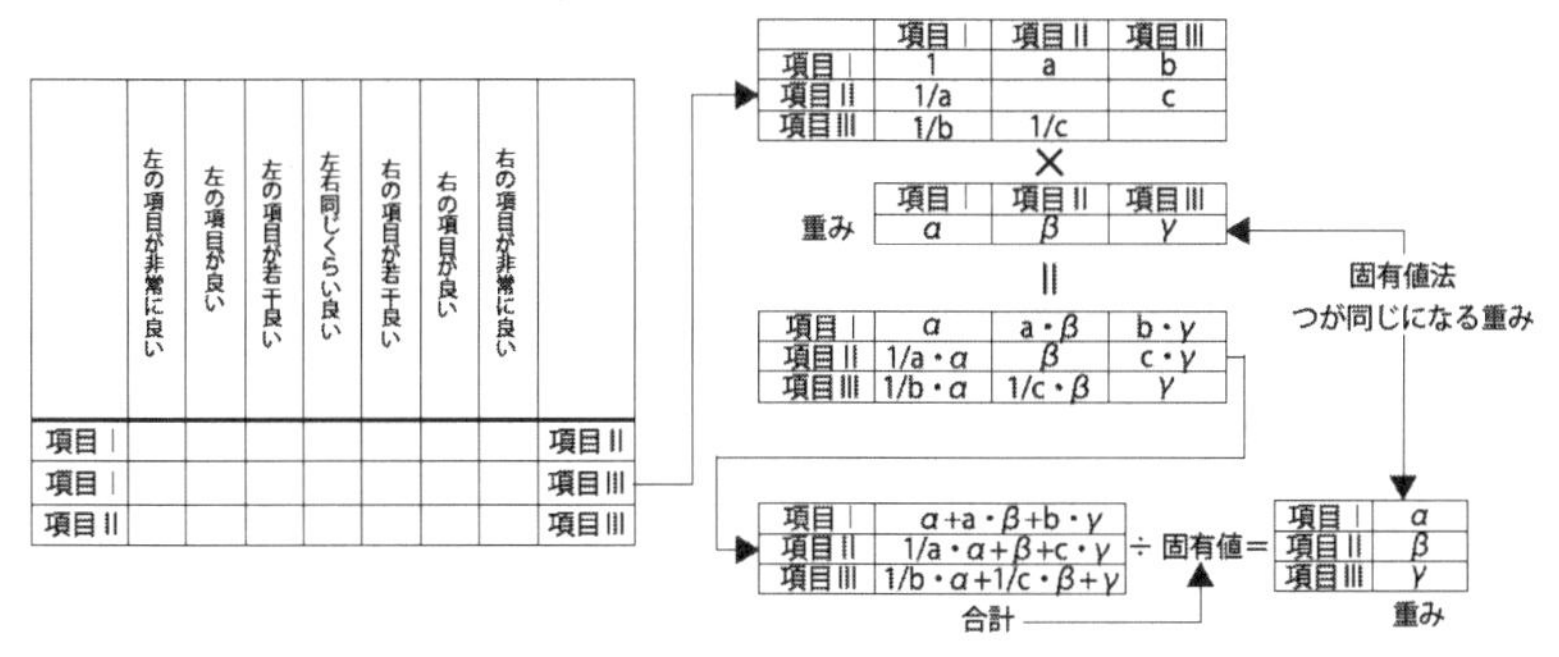

図2　重みの算出過程

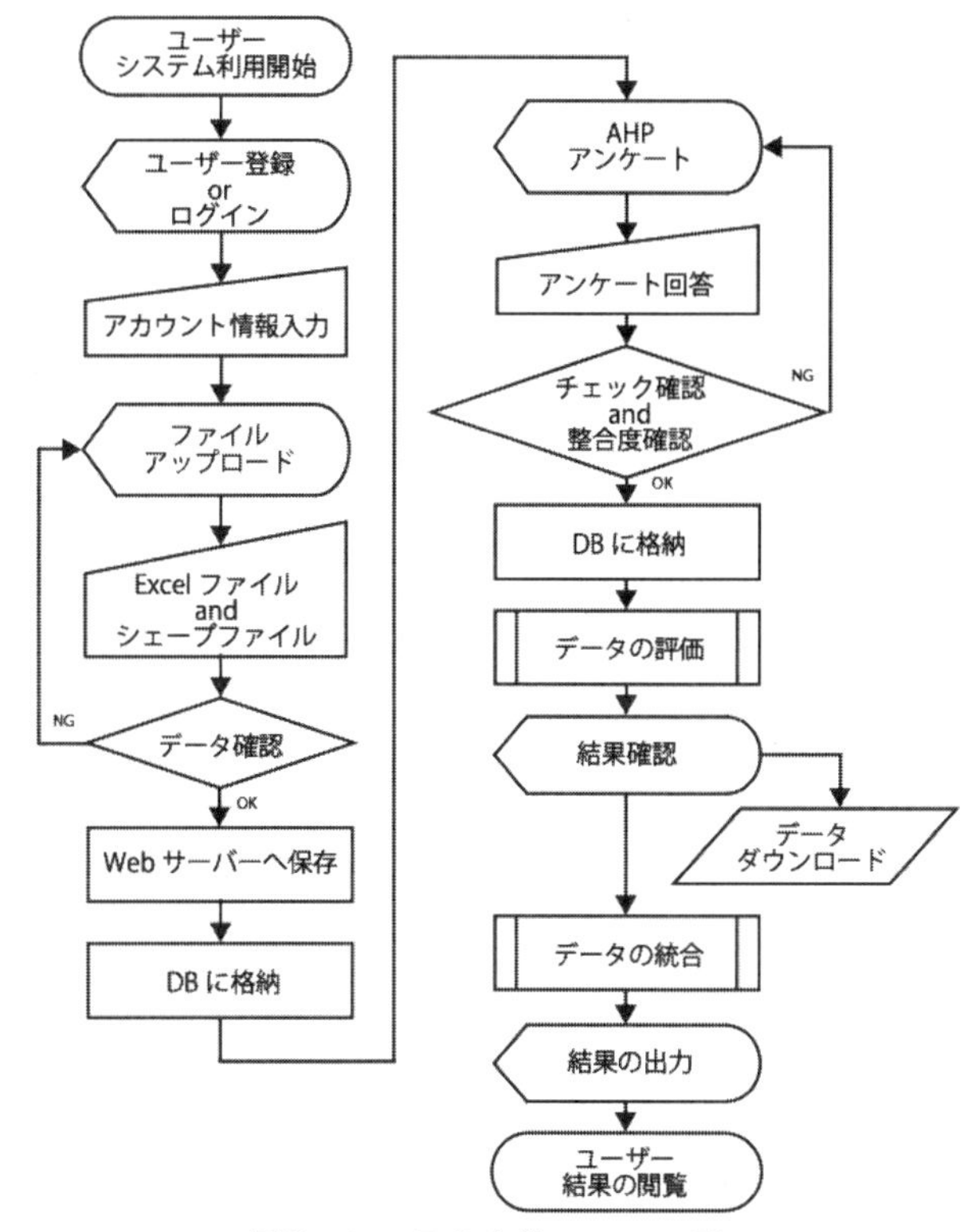

図3　システム全体のフロー図

システムの機能とサイトページの構成

次にシステムのメイン機能を記述していく。まずはファイルアップロード機能である。この機能の主な役割はユーザーから送られてきたデータをＤＢに送る役割を担っている。ユーザーがテキストボックスに「評価都市名」と「共通項目」を記入し、必要データのアップロードを済ませた後、データを送信するとシステムが作動する。

図４は入力ページからの流れを示している。初めに行われるのはテキストボックスに必要な文字情報が記入されているかを確認する作業である。二つのテキストボックスのどちらかでも記入されていなければＮＧとなり、エラーの表示処理が行われる。文字情報の入力が確認されると、アップロードされたデータの読込を行う。この読込作業はプログラムでデータを認識可能にする作業である。ここでデータの拡張子を判別し、必要データのチェックを行う。必要データが揃っていることが確認されると保存作業に移る。その後、データに応じて二種類の方法でＤＢに保存される。ＣＳＶデータはＤＢにテーブルを作成した後、評価指標の列ごとに保存される。その他のデータはＤＢ用のデータ形式に変換した後、用意されているテーブルに保存する。ここでデータの形式が規定と合致していなければ保存が失敗し、エラーを返す設定としている。全てのデータが正常に保存されると、保存完了メッセージが表示され、次のアンケートページへ進むことが可能となる。

アンケート機能は図２で示したように、各評価指標の重要度を決定する役割を果たしている。図２のような

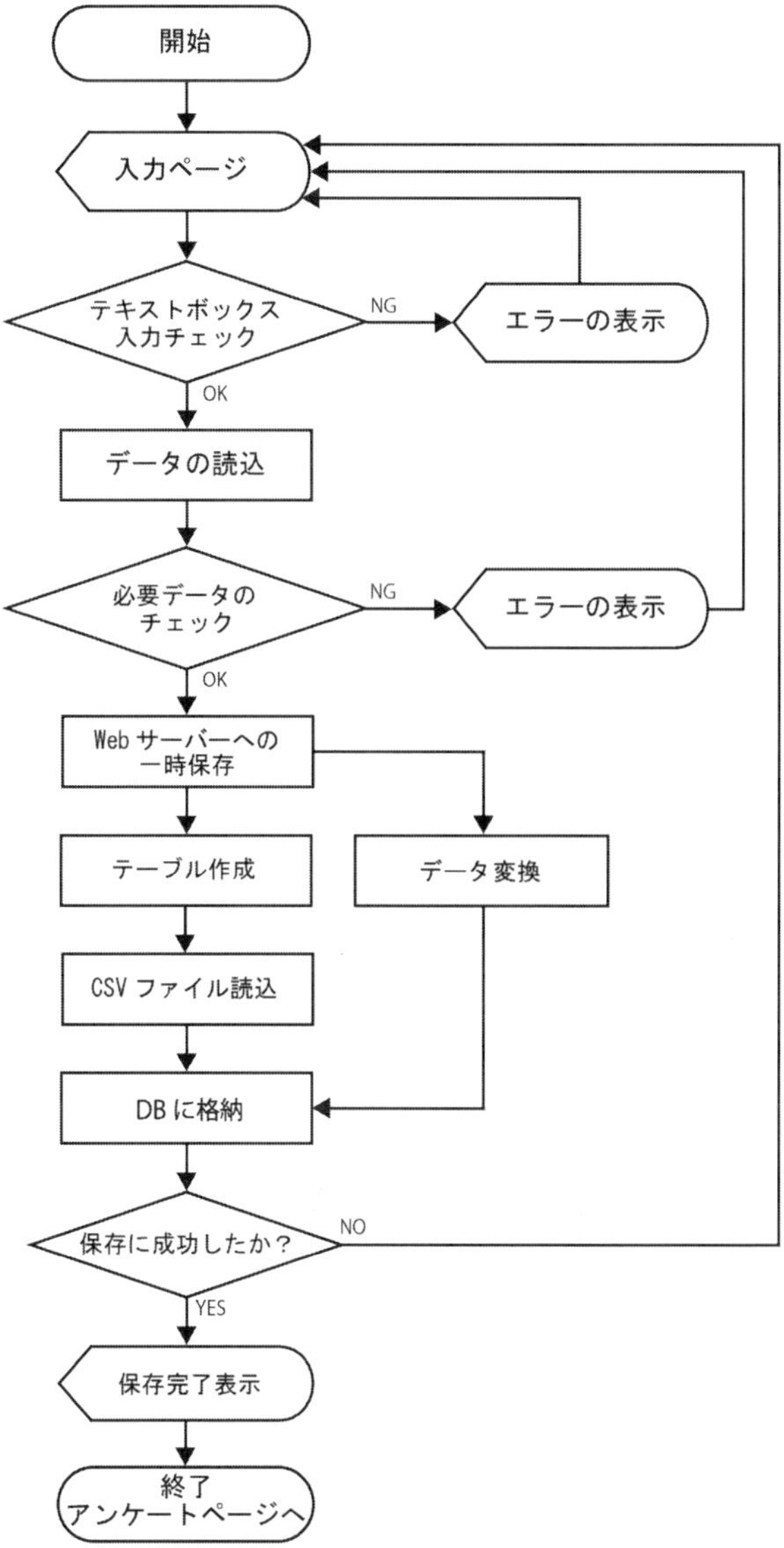

図4　ファイルアップロードページのフロー図

アンケートにチェックした後、Ｗｅｂページに用意された選択完了ボタンを押すと、システムが作動する。この機能のフロー図を図5に示す。システムが作動すると入力ページ以下の作業が行われる。まず初めに、チェックが全ての項目になされているかが確認される。ここで未チェック欄があるとエラーを表示し再入力を要求するよう設定している。全ての項目にチェックがなされていることが確認されると重要度の算出に移る。重要度

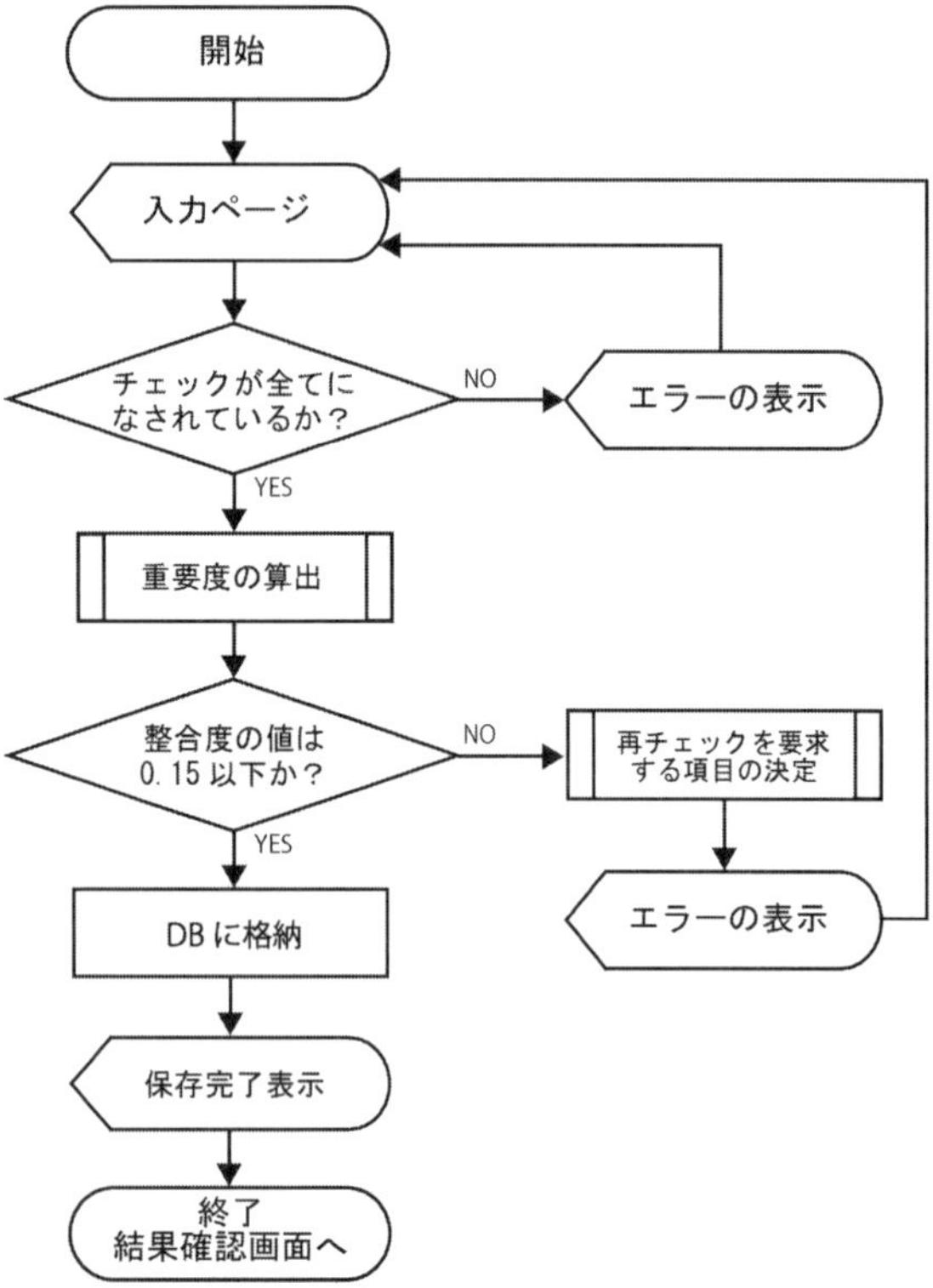

図5　アンケートページのフロー図

の計算はＡＨＰの中で固有値法という方法で求める。重要度と固有値を算出した後、整合度の算出を行う。先に記述したようにアンケートの回答の矛盾度を計る作業に当たる。この値が0・15より大きい値となると再チェックが要求される。整合度の確認が終わると重要度の値がＤＢに格納され、ユーザーにメッセージを送付し、正常に保存されたことが伝えられ、結果確認のページに移ることが可能となる。

次に、ＤＢに格納したデータを評価手法に従い評価し、値を表示する。データの処理はＤＢ上で行われる。評価方法を記述したプログラム（ストアドプロシージャ、ＳＰ）を実行し、データの値を評価する。ＤＢのＳＰはＷｅｂからの命令を受けると、初めに評価後のデータを格納する新規のテーブルを作成する。このテーブルには評価後の27指標の列に加え、指標を分野ごとに統合した小項目、中項目、大項目、そして総合評価値用

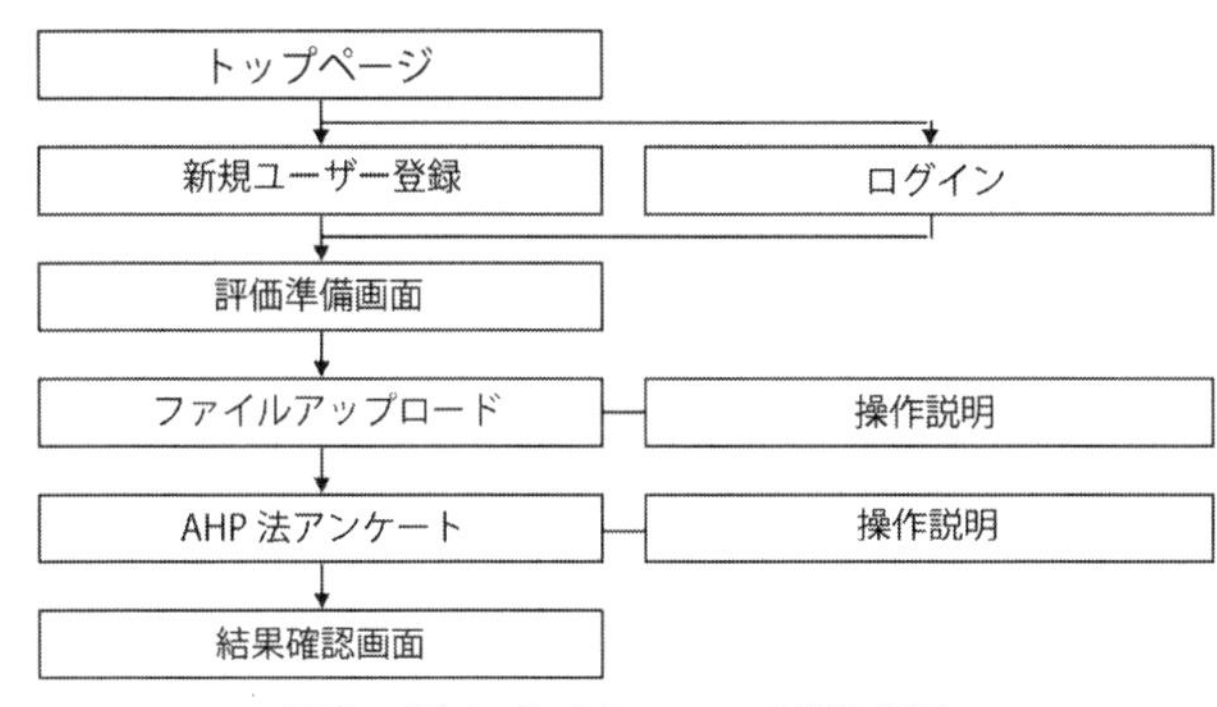

図6　Web サイトのページ構成図

の列が設定される。次に27指標のデータを保存してあるテーブルを読み込み、５段階に評価する。この際、別テーブルに保存してある評価基準の値を取得し、評価を行う。その後、評価結果はＷｅｂページに表示されると同時に、ユーザーがＣＳＶ形式の表データとして全結果をダウンロードすることが可能である。

サイトのページ構成を図６に示す。ユーザーはトップページからサイトに入り、新規ユーザー登録、又はログイン後にシステムの利用開始となる。その後、ファイルアップロード画面、ＡＨＰ法のアンケート画面と進み、最後に結果の確認画面へと進む。トップページと評価準備画面には本システムの説明やシステムの操作方法、評価方法についての説明を記述している。ファイルアップロード画面にはアップロード用のフォームを、アンケート画面には回答用のチェック欄をそれぞれ設けている。また、それぞれのページに、必要なファイルの確認や、ＡＨＰ法の整合度の確認などのプログラムを組み込んでいる。

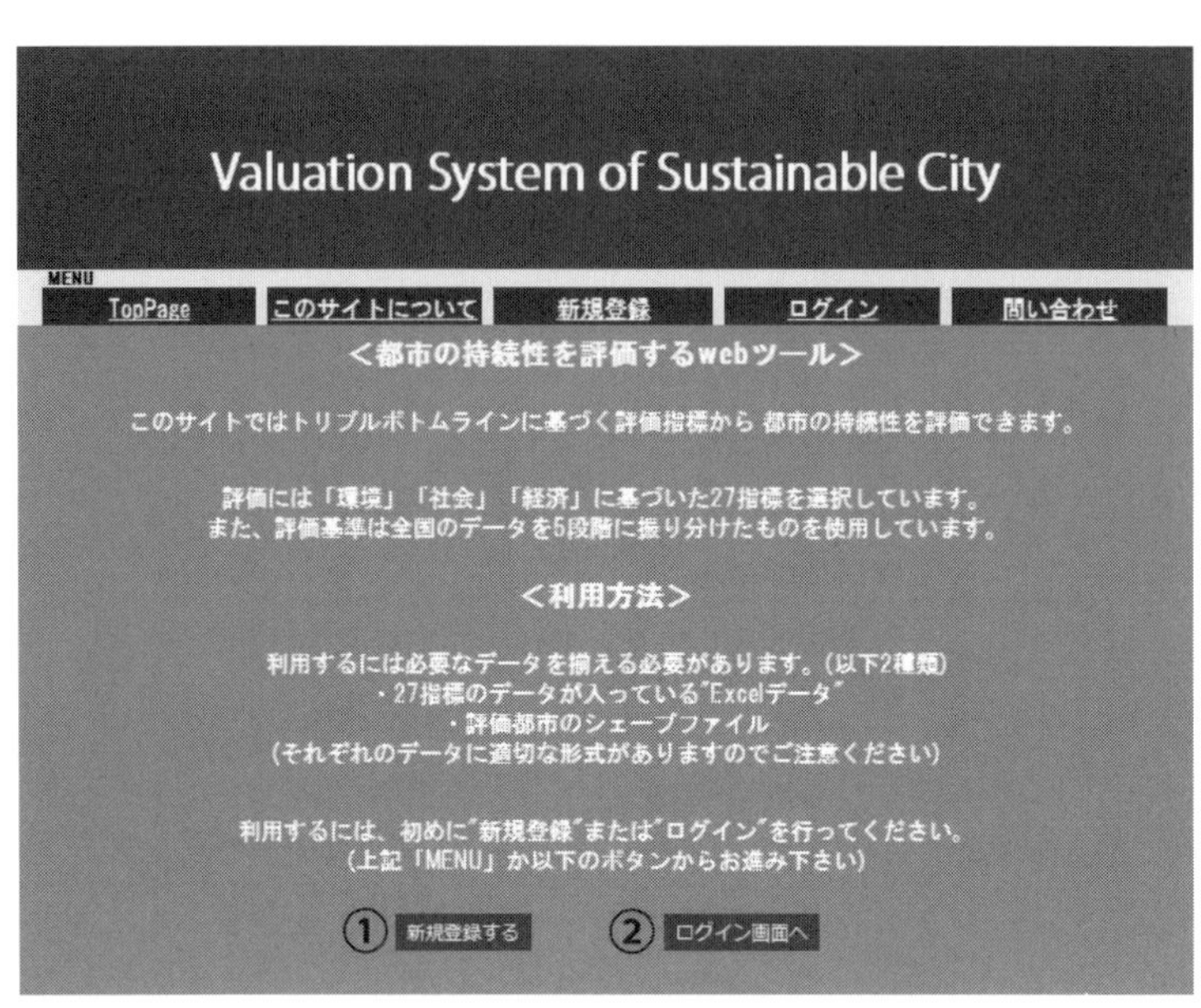

図7　トップページ画面

システムの適用例

ここで、福岡市のデータをサンプルとして使用し、実際の使用例を説明する。本システムのWebサイトにアクセスするとトップページに案内される。実際のページ画像を図7に示す。このページには本システムの概要と利用条件を記載している。画像の①と②の部分に新規ユーザー登録ページとログインページに移動できるボタンを配置している。これらのページには上の「MENU」ボタンからも移動可能である。

具体的には、指標項目毎に用いるデータは主に政府機関統計・福岡市統計情報・ふくおかデータウェブから収集した。データは項目中最もスケールが小さい町丁目別で整理した後、250mメッシュデータに変換した。また、町丁目毎の数値情

表2　福岡市の使用データ

大項目	中項目	評価項目（小項目）	具体的評価指標	使用データ
環境	都市環境	空気	大気汚染物質排出量（SO_2,NO_2,Ox,SPM）	福岡市環境局:福岡市大気測定結果報告書(H22)
		水	水消費量	福岡市統計企画局:福岡市統計書(H23) 第11章 上下水道・電気・ガス
			水質	環境省:「ダイオキシン類に係る環境調査結果」における地域概況調査
		土地	自然被覆地	農林水産省:2010年世界農林業センサス「第1巻 都道府県別統計書」 福岡市防災会議:「福岡市地域防災計画」
			土壌の品質（ダイオキシン類濃度）	環境省:「ダイオキシン類に係る環境調査結果」における地域概況調査
	エネルギ	廃棄物	廃棄物の排出量	環境省:「一般廃棄物処理実態調査結果」(H22)
			資源再利用効率	環境省:「一般廃棄物処理実態調査結果」(H22)
	自然環境	環境保全	その他自然環境の保全・整備・促進に対する取り組み	農林水産省:2010年世界農林業センサス「第1巻 都道府県別統計書」
社会	人口	人口	人口自然増減率	H22 国勢調査 福岡市集計
			人口社会増減率	H22 国勢調査 福岡市集計
	生活環境	住環境	防犯	福岡県警:「犯罪統計」刑法犯公立小学校校区別認知件数
		住宅	住宅整備水準（量）	総務省:H20 住宅・土地調査
	都市基盤	OS	オープンスペース整備水準	公益財団法人 福岡市緑のまちづくり協会
		都市建築	地盤形状（地震）	J-SHIS 地震ハザードステーション 「確率論的地震動予測地図」
			歩行者空間の安全性	福岡市統計企画局:福岡市統計書(H23) 第17章 火災・交通事故
		社会基盤	障害者サービス充実度	福岡市統計企画局:福岡市統計書(H23) 第14章 労働・社会保障
			情報システム	総務省:平成23年度版 情報通信白書 13-1都道府県別情報化指標
			マネージメント（役所）システム	福岡市
			公共交通利便性（利用率）（一定距離内居住人口の割合）	H22 国勢調査 5-4 利用交通手段
	権利	権利	権利の多様性	全国市民オンブズマン連絡会議:「2011年度全国情報公開度調査」
経済	行政経済	地方財政	地方自治体財政力	総務省:地方財政状況調査関係資料「H22 地方公共団体の主要財政指標一覧」
			住宅・土地保有率	総務省:地方財政状況調査関係資料「H22 地方公共団体の主要財政指標一覧」
		産業	地場産業（割合）	福岡市統計企画局:H21年度 福岡市民経済計算
		雇用	雇用率、失業率	総務省統計局:労働力調査（基本集計）都道府県別結果
			雇用の多様性（有効求人倍率）	厚生労働省福岡労働局:雇用失業情勢について
		収入支出	所得	福岡市統計企画局:H21年度 福岡市民経済計算
		企業	企業数	総務省:H18年度 事業所・企業統計調査

報が存在しない項目については、町丁目が属する行政区もしくは福岡市の数値情報を与えることとした。使用したデータについて表2にまとめる。

評価指標項目の重み値はAHP法による一対比較をアンケート形式により行い、その回答を集計することで決定した。アンケートは「持続性都市建築システム産学官コンソーシアム　都市環境持続性評価分析ワーキンググループ」メンバーの協力を得て回答を得た。さらに総合結果及び大項目、中項目毎に得点化を行い、250mメッシュにてアウトプット後、分析を行う。

町丁目毎の数値情報をArc GISを用いて福岡市町丁目ポリゴンに結合し、インターセクト機能を用いた後、メッシュデータ化を行った。メッシュ内に複数の町丁目がまたがる場合、ポリゴン内の町丁目ごとの面積割合を各数値情報に掛け合わせ、合計することでメッシュ内の数値として決定する。アウトプットは数値情報標準偏差によって5段階評価を行っている。

環境項目において、西区は自然被覆地の割合が博多区よりも大きいが自然環境が占める重要度が大きいために偏差は低く、環境保全率が高い早良区及び博多区において高い偏差を表した。

社会項目においても同様であり都市基盤において高い得点である西区が高い偏差を示している。その一方で中央区は人口動態における点数が高いが重要度が低く、また重要度が高い都市基盤と住環境において得点が低いために社会項目全体では低い評価となっている。

経済項目においては使用したデータは行政区別の企業数増減率のみであり、その他のデータは福岡市の数値を利用しているために、企業数増減率における評価結果が経済項目に直接反映されている。西区において高い偏差を示し、得点が最も低い南区において低い評価を示した。

福岡市における当システムへの適用を行った結果、都市持続性評価の総合結果を図8に示す。なお、総合結果は環境、社会、経済の大項目にそれぞれの重みを掛け合わせた上で合算したものである。各項目の重み値は環境が「0・460」、社会が「0・2577」、経済が「0・282」となっており、アンケート対象者である「持続性都市建築システム産学官コンソーシアム都市環境持続性評価分析ワーキンググループ」メンバーは、福岡市における持続性を考慮した際に環境項目を重視していることが分かる。

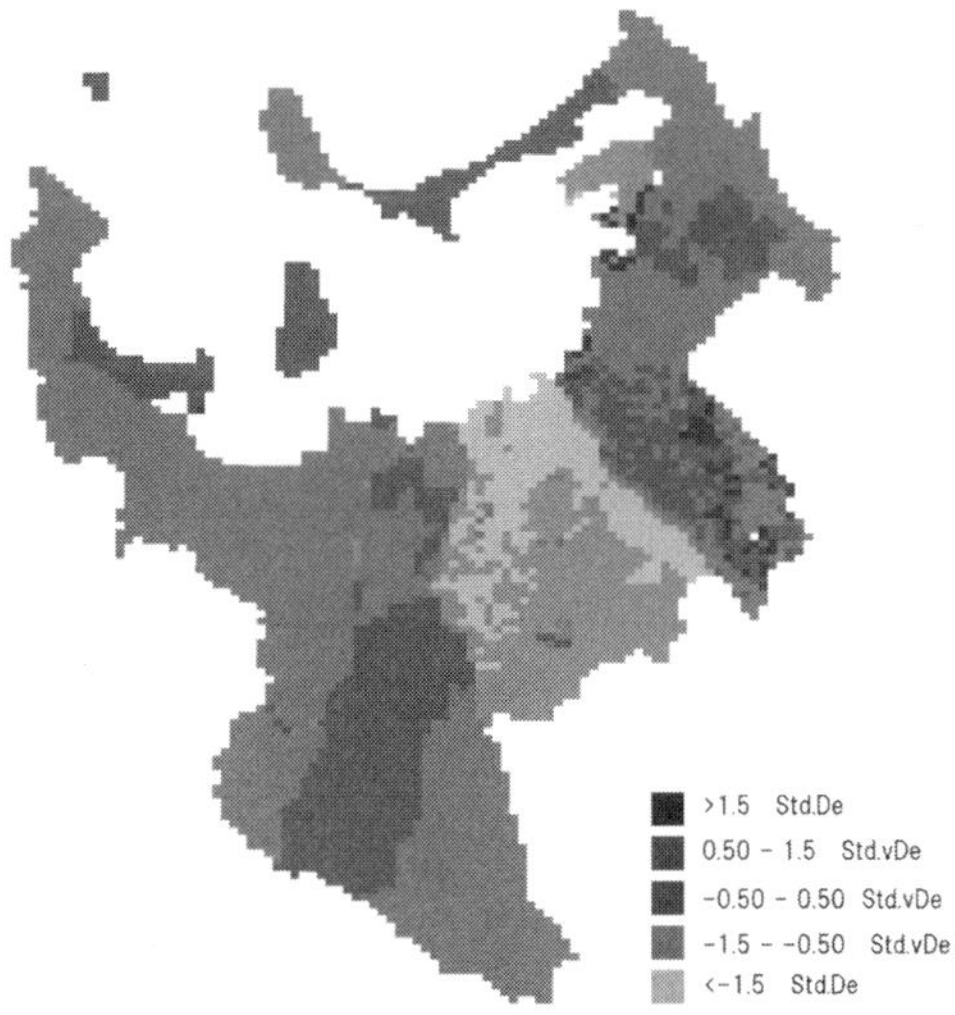

図8　福岡市の総合評価結果

そのために環境の評価が高かった早良区において総合評価結果も高かった。その一方で中央区は社会及び経済で比較的高い評価を得たものの環境評価が低いために総合結果も低いものとなった。また博多区の福岡空港一帯においても低い評価となっているが、定住不可能であることや滑走路や緩衝帯といった空港施設化していることによる環境項目の低評価が影響していると考えられる。

福岡市のデータを例に本システムの挙動検証を行った結果、データの形式を規定のものを使用することでユーザーのファイルアップロードの段階からＷｅｂ－ＧＩＳによる公開までを問題なく行うことができた。もし規定外のデータの使用や操作を行った場合、例外として処理され、ユーザーにメッセージとして提示される設定となっていることも検証によって確認できた。さらに、アップロードされたデータを使用し、正常にＷｅｂ－ＧＩＳで公開可能であることも確認できた。

このシステムの利点を以下に整理する。まずはＷｅｂ上でシステムを運用することで、評価結果をデータ入力後、確認可能であること、次にＡＨＰ法を用いたアンケートをＷｅｂサイトに実装することで、評価項目の重要度を評価者の判断で決定可能であること、ＤＢによって評価に必要なデータ、また評価基準のデータを管理することで、データの蓄積や更新を同時かつ継続的に行うことが可能であることが挙げられる。今後はＷｅｂサイトの利用しやすさや、利用者のニーズを考慮したシステムに更新していく予定である。

◎参考文献

1．鈴木祐大、加知範康、戸川卓哉、加藤博和、林良嗣：都市域の持続可能性評価システムの開発：日本環境共生学会２００９年度学術大会発表論文
2．戸川卓哉、加藤博和、林良嗣、森田紘圭：環境・経済・社会のトリプル・ボトムラインに基づく持続可能な都市空間構造の検討：日本環境共生学会　第15回学術大会
3．戸川卓哉、小瀬木祐二、鈴木祐大、加藤博和、林良嗣：環境・経済・社会のトリプル・ボトムラインに基づく都市持続性評価システム：第41回土木計画学研究発表会
4．大岡龍三、安岡善文、須崎純一、遠藤貴宏、川本陽一、中井秀信、中嶋まどか、瀬戸島政博、船橋学、岡田敬一：持続可能な都市形成のための都市環境総合評価指標の提案：生産研究　58巻3号　328-331
5．坂本大樹：都市持続性評価システムの構築：九州大学　平成24年度　建築学研究卒業論文梗概集　37-40
6．有馬隆文、武藤徹矢、萩島哲、坂井猛：ＷｅｂＧＩＳによるまちづくり情報収集システムの開発と応用

7. 村上正浩、市居嗣之、柴山明寛、久田嘉章、遠藤真、胡哲新、座間信作、小澤佑貴：ＷｅｂＧＩＳを利活用した防災ワークショップに関する研究：第12回日本地震工学シンポジウム

◎参考資料

1. ＣＡＳＢＥＥ都市、建築環境総合性能評価システム、評価マニュアル［発行］日本サステナブル建築協会
2. 高萩栄一郎、中島信之共著：「Excelで学ぶＡＨＰ入門」
3. ＷＩＮＧプロジェクト著：「はじめてのASP.NET4プログラミング」
4. （株）日本ユニテック著：「ひと目でわかるMicrosoft SQL Server2008」システム開発

第5章 縮小社会における都市再生手法「アーバン・カタリスト」

有馬　隆文

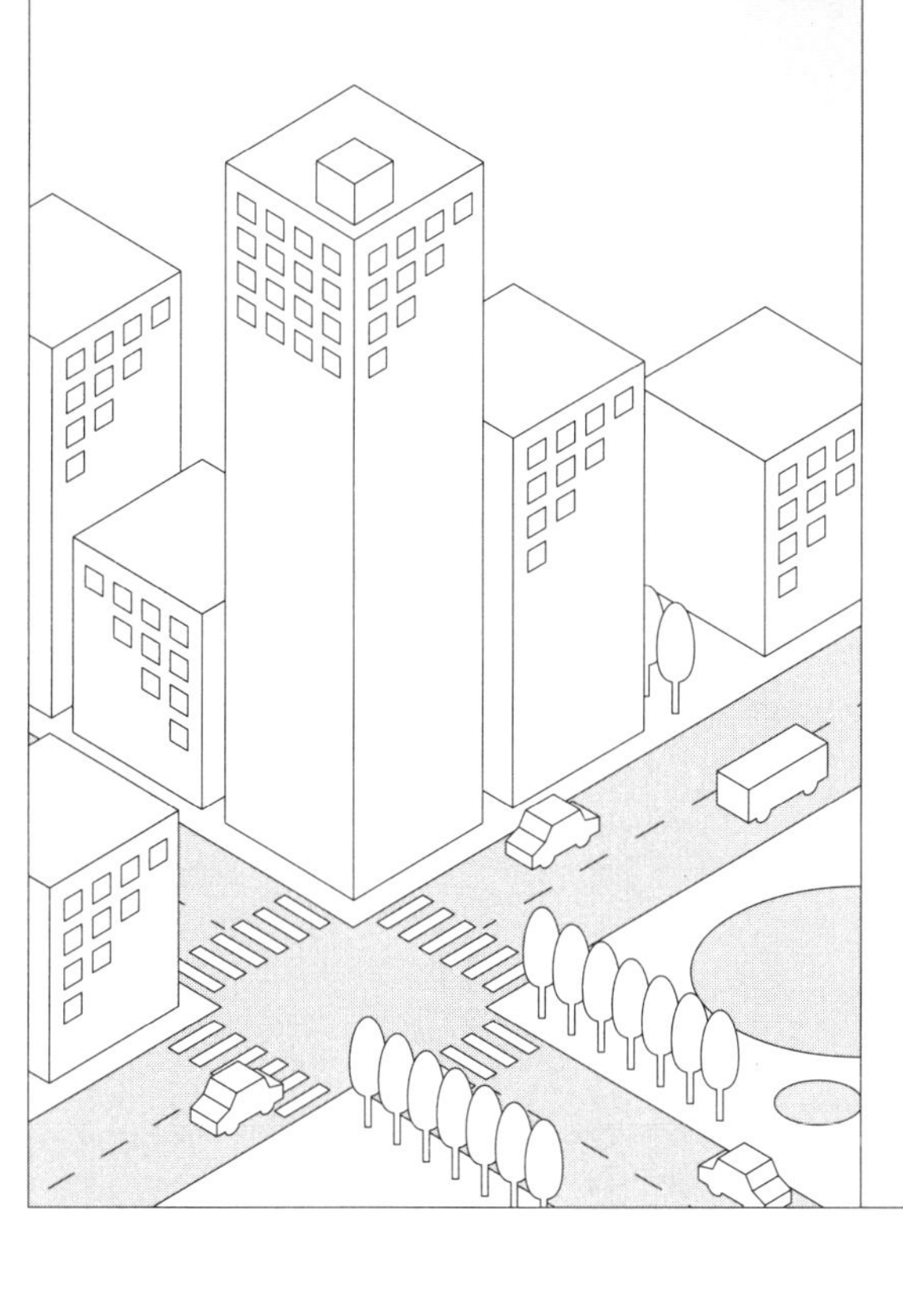

はじめに

日本の都市は高度な経済成長を背景として戦後の70年間にドラスティックな変容を遂げてきた。この70年間に都市周縁の農地や森林は市街化され、市街地内の木造密集市街地は区画整理などの手法によって再開発されて、都市は更新された。しかし近年では、開発スケールの縮小化、地方自治体の財政悪化、人口の減少などを背景として、これまでの都市づくりの方法では立ち行かない状況に直面しつつあり、高度経済成長時代から継続してきた都市づくりの方策そのものも見直す時期といえる。一方、都市計画・都市デザインの分野では「都市の持続性」が近年のキーワードである。都市が持続するためには、旧来、都市が有していた空間や社会を継承することが重要であり、昭和の時代に度々見られたような面的なスクラップ・アンド・ビルドのような再開発でない、新たな持続型の市街地再編の手法が求められている。

そのような中で、Urban Catalyst（アーバン・カタリスト／都市触媒）、Urban Acupuncture（アーバン・アキュパンクチャー／都市針治療）といった都市再生の方法論が欧米において提案されている。都市を再編する手法としてP・ゲデスのConservation Surgery（保存外科手法）なども古くから提唱されているが、本論では日本に応用可能と思われるUrban Catalyst（以下、アーバン・カタリスト）に注目し、持続可能な都市の実現に向けた都市再生手法について論じてみたい。

アーバン・カタリスト

アーバン・カタリストを直訳すると「都市触媒」という意味であり、スクラップ・アンド・ビルドのような手法とは異なり、対象地域に触媒となる要素を挿入することにより、触媒が対象地域に変化を起こし対象地域を再生する方法である。触媒となり得る要素は、物的要素から非物的要素まで様々である。例えば、地域全体における民間開発圧力を向上させるために、行政が先導して質の高い施設を建設した例は物的なカタリストといえる。実例を挙げるならば、造船業の衰退に伴い荒廃したロンドン東部への民間投資の呼び込みを目論んで、カナリーワーフやグリニッジ・ペニンシュラにおける質の高い再開発を先行的に行った事例はカタリストの好例と言えよう。

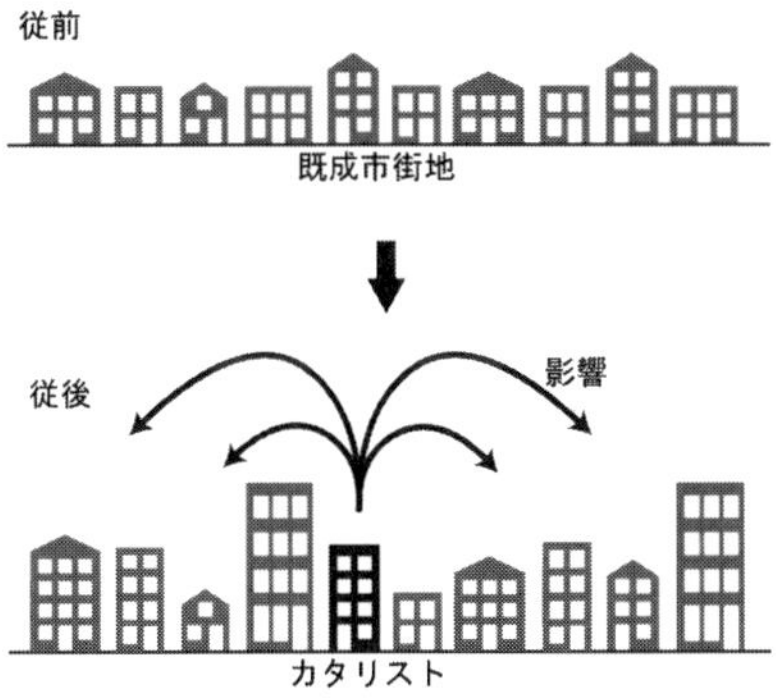

一般にアーバン・カタリストの利点は、1）対象地を全面リニューアルするわけではない、したがって、スクラップ・アンド・ビルドと異なり、従前の市街地からの歴史的連続性が保たれる、2）スクラップ・アンド・ビルドのような費用を必要としない、3）民間の資本力とアイデアを活用できる再生手法である、といった点であり、一方、欠点は、1）地域再生に時間がかかる、2）触媒が機能せず成功しないケースもある、3）触媒が予想以上に効果をもたらしジェントリフィ

図１　アーバン・カタリストのコンセプト

ケーションの原因となるといった点が指摘されている。

また、アーバン・カタリストを日本に導入する上での課題は、1）これまで日本において明確なアーバン・カタリストのプロジェクトのケースはなく（偶然にも結果としてカタリスト的役割を果たしたケースは多数ある）、その導入可能性が明確でないこと、2）導入にあたってのノウハウがないことである。

アーバン・カタリストに関する国内外の文献をみると、既往の殆どが欧米の研究者によるもので、Wayne Attoe と Donn Logan らは、American Urban Architecture（参考文献1）において、アーバン・カタリストのコンセプトを紹介している。Stephen Essex らは、オリンピックの開催をカタリストと捉え、オリンピックの開催がそれぞれの都市に及ぼしたその影響を時代・地域の視点から明らかにしている（参考文献2）。T. Chapin は、2つの巨大なスポーツ施設建設が周辺地域における様々な開発を誘因したことに着目して、その経済的効果を論じている（参考文献3）。Carl Grodacha は、ロサンゼルスとサンノゼにおける博物館を事例として、博物館へ来訪者を引き付ける魅力は周辺における商業活動を活発すると同時に、場合によっては地域の歴史的文脈を消失させてしまうことを明らかにしている（参考文献4）。

一方、日本においては倉田氏が「カタリストとしての都市デザイン」というタイトルで論説を公表しており、早くからアーバン・カタリストについて言及している（参考文献5）。

次にアーバン・カタリストの特徴について論じてみたい。筆者はかつて都市・建築分野の専門家に対してアンケートを実施してアーバン・カタリスト的効果が見られた事例を収集し、現地調査可能な35事例を分析してその特徴を抽出した。結果は次のとおりである。

(1) 都心あるいは都心近郊における大規模な複合開発は、カタリスト的効果を生みだす可能性が高い。都心・都心近郊複合施設は、周辺地区における商業系施設の開発促進、歩行者流動の変化、地区のイメージアップ等に影響を及ぼしており、周辺エリアの再生に大きく貢献している。

(2) カタリストとして投入される施設の質の高さは極めて重要である。収集した事例には、ホテル イル・パラッツォ（日本・福岡）、High Line（アメリカ・ニューヨーク）などが含まれるが、このような施設が投入されたエリアは開発が遅れたエリアであり、新規施設の質の高さが周辺と比較して際立つことが重要なポイントである。

(3) 日本の大規模駅ビルのような高容積かつ外に開かれないデザインあるいは周辺との繋がりが弱い施設は、周辺地区に及ぼすカタリスト効果が小さい。通常、駅および駅周辺地区は人々が滞留する場であると共に、都市へのポータル空間である。しかし、駅ビル内に、物販・サービス・宿泊などの殆どの機能を内包してしまうと、駅周辺に及ぼす効果が薄れてしまう。

(4) カタリストは必ずしもハード的なものとは限らない。イベントや仮設の設えはカタリスト的効果を発揮するが、その効果は限定的なものが多い。祭やイベント時に出現する仮設の設えは都市空間に非日常的な場を生み出し、まちに活気を与える。夜になると出現する屋台などもその場の性格を変えるカタリストと言える。

事例分析

日本において、カタリストと銘打ったプロジェクトはないが、結果的にカタリストの効果をもたらしたケースは多々ある。ここで取り上げた事例は、福岡県在住の都市・建築分野の専門家の多くが、カタリスト的効果があったと指摘したホテル イル・パラッツォの事例である。

周辺地区

ホテル イル・パラッツォは福岡県福岡市中央区春吉に立地している。福岡市の繁華街と言えば、天神、中洲、博多が有名であるが、この春吉地区は天神と中洲の中間に位置する。歴史的にみると本地区は戦前からの住宅を主とした地区であり、福岡大空襲にも遭遇しなかったことから、江戸時代に整備された7本の横筋が今も現存し、かつての名残や雰囲気を今に伝える地区であり、現在では狭隘な道路に面して様々な用途の建物が立地している。

カタリスト出現前の地区の状況

江戸時代は東部の那珂川に沿って街道があり、その街道沿いに料亭や旅館が立地していた。それ以外のエリアは農地として利用されていたが、戦後、急速に市街地が拡大し、かつての農地が小規模区画に分割され、そこに住宅や商店が建設された。

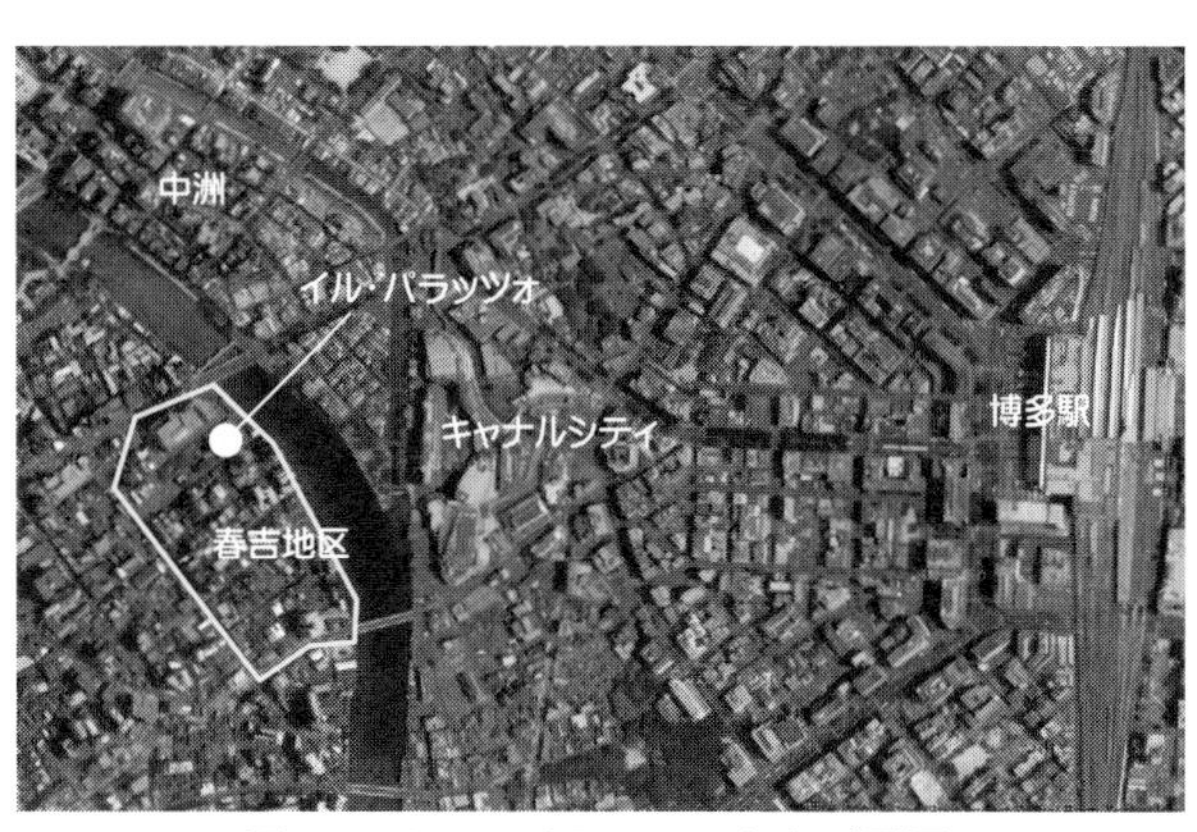

図1　イル・パラッツォおよび周辺

昭和の高度経済成長期になると川沿いの料亭・旅館といった比較的に大きな敷地において建て替えが進み、九州一の歓楽街「中洲」に近いという地理条件も相まって、ラブホテルが集積するエリアが生まれた。ラブホテルの集積に併せて、春吉地区内の通りに娼婦を斡旋する中高年女性が出没したことから、女性・子供はもとより男性もこの界隈を歩くことが憚れる時期もあった。いわば、天神や中洲を「ハレ」的空間とすると、この春吉は天神や中洲を裏で下支えする「ケ」的空間であった。

カタリスト的役割を果たした建築物

上記のような状況に大きな変化を及ぼす契機となる出来事が1989年にあった。ホテル イル・パラッツォの建設である。本論ではこのイル・パラッツォの建設をカタリストと捉え、イル・パラッツォの建設が春吉地区に及ぼした効果について見てみよう。

以下に論述する事項は、不動産管理会社および地域住民へのヒアリング、現地調査、地図および文献資料調査を通して明らかにした。

イル・パラッツオはイタリアの建築家アルド・ロッシによって設

計されたホテルである。本ホテルの建設は、日本のある不動産管理会社がロッシにホテルの初期イメージスケッチを依頼したことから始まる。ロッシが描いたスケッチにはホテルと川が描かれていたことから、不動産管理会社はホテル建設の候補地の幾つかの中から川に近い本敷地を選定した。本ホテルが建設された当時、イル・パラッツォは「はきだめに鶴」と揶揄されることもしばしばあった。すなわち、このように呼ばれるほど、場違いな場所にホテルが建設されたのである。

ロッシは敷地が決定した後に具体的な設計を行っている。その時、ロッシは敷地内に2つの路地的空間をデザインしている。不動産管理会社のヒアリングによると、これらは春吉地区内に小規模の路地があることを意識して設けられたそうであり、周辺地区のコンテクストをデザインに取り入れようと意図したことが理解できる。

図2　イル・パラッツォと周辺エリア

また、本ホテルはカタリストとして役割を担うことも当初から期待されていた。ロッシが1987年ニューヨークで発表したProject Description（参考文献6）によると次のような記載がある。

「この共同ビルで最も重要な点はその所在する位置である。商業地域と行楽地域をむすぶことによって、この地域全体を特徴づけるとともに、市のこの地域の再開発のはじまりを示すものとなるからである。したがって、建築はこの地域の特色を明示するものでなければならない。とりわけホテルは唯一の最も重要な財産であるがゆえに、その設計がこの地域を急変さ

図３　春吉地区内に存在する路地空間

図４　ロッシによってデザインされたホテル
イル・パラッツォの路地空間

せることになるかもしれない。このホテルの建設およびマスタープランは、私たちの図面からもわかるように、全面的な都市の再生をもたらす可能性がある。…〈中略〉…私たちは川沿いにテラスのあるさまざまな小さなレストランやバーを設けるよう提案している。それが川とこの地域を結びつけることになるからである。その狙いとするところは、新しいウォーターフロントのイメージである。」

上記の記述から、ロッシはイル・パラッツォがこの地域の特色を示すとともに、周辺地域を再生させるカタリストとしての役割を担い、新しいウォーターフロントのイメージの確立を期待していたことがわかる。

カタリスト効果と地区の変化

⑴ラブホテルの減少と周辺施設の用途変化

図５、図６、図７は春吉地区における施設立地の変化を捉えるため、イル・パラッツォ建設以前の１９６８年と１９８８年の地図と建設後の２０１４年の地図を比較したものである。１９６８年と１９８８年の状況は、当時発行のゼンリン地図をベースに、また、地図情報で不明な点は、現地調査や地域住民からのヒアリング結果に参考として作図を行った。

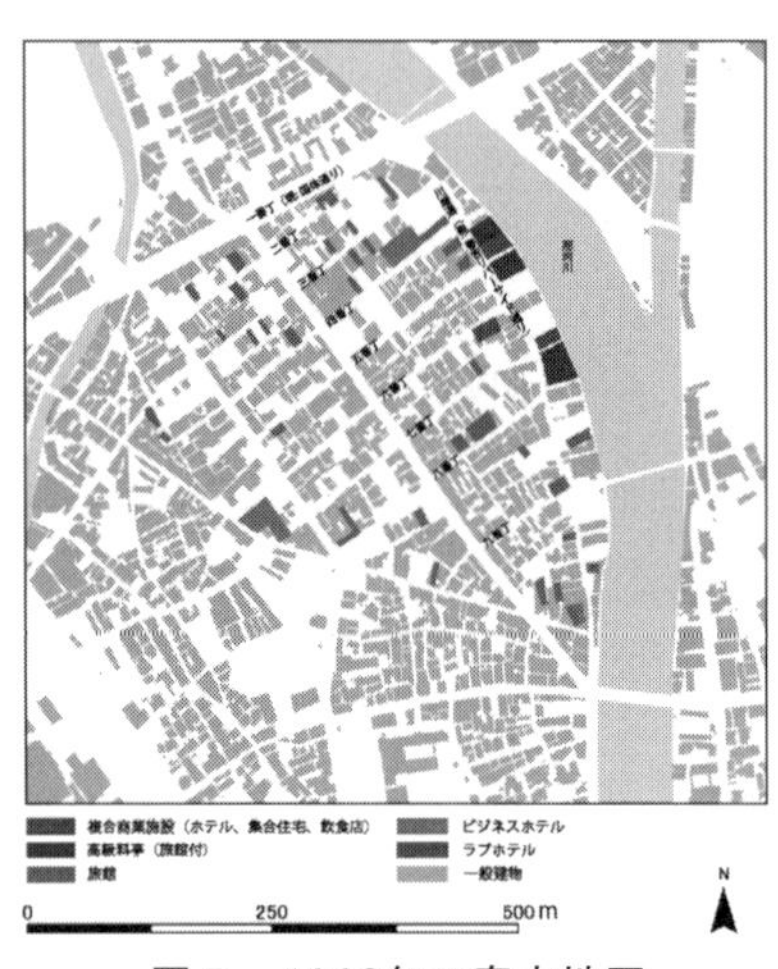

図５　1968年の春吉地区

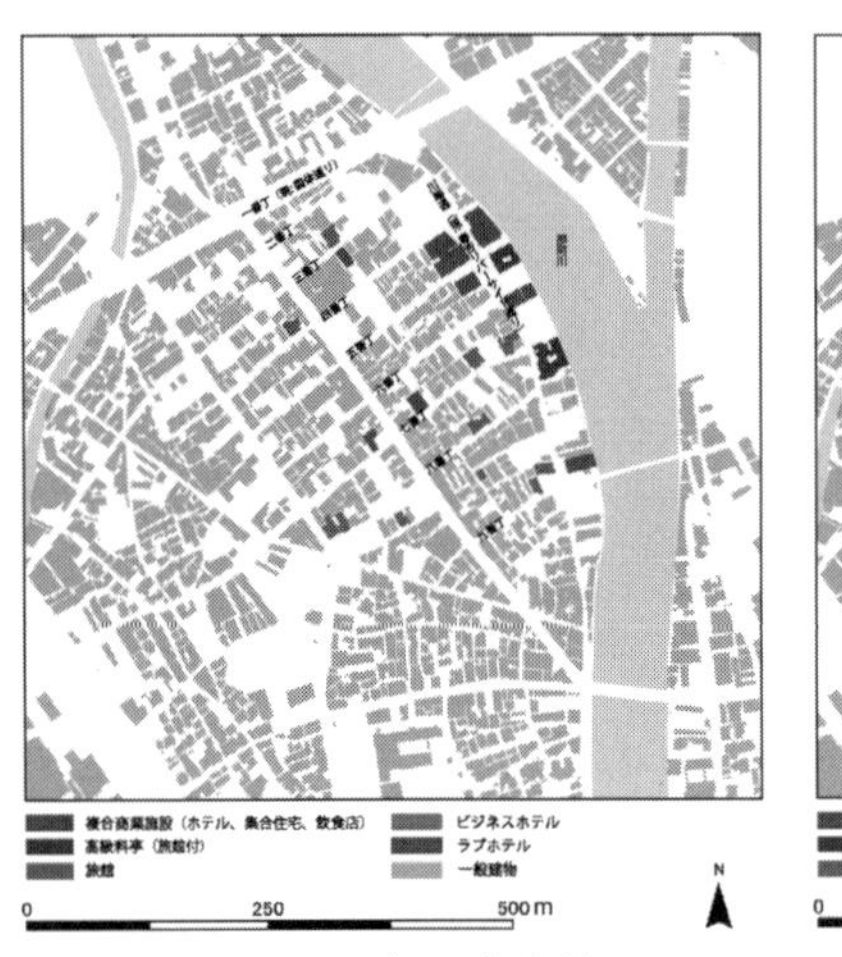

図６　1988年の春吉地区

１９６８年時点をみると、本地区全体に旅館が数多く立地していたことがわかる。１９８８年になると旅館の数は減少し、その一方ではラブホテルが地区東側の通りを中心に立地している。地域住民のヒアリングによると、本地区は福岡の都心に近いこともあって、かつて、川沿いは料亭や旅館、地区の西側には日雇い労働者のための民宿が多かったそうである。しかし次第にラブホテルが増加し、１９８８年時点をみてもわかるように、旅館とラブホテルが集中するエリアになってしまった。

１９８９年、この地区にイル・パラッツォが建設された。これを契機として地区内の建物の建て替えや用途変更が進んでいく。図７が２０１４年の状況である。かつてのラブホテルの幾つかは、レストランやカフェを併設したシティホテル・商業施設・マンションに変化している。ホテルのオーナーにヒアリングしたところ、現在ではラブホテルのイメージを払拭し、一般のファミリー層の取り込みにも力を入れているそうである。

興味深い点は、ラブホテルがお洒落なホテルに変わったとしても、昔ながらのラブホテルの機能は現在のホテルが維持

商業施設＋マンション

レストラン

図8　リバーサイド通りに新たに出現した商業施設・飲食店

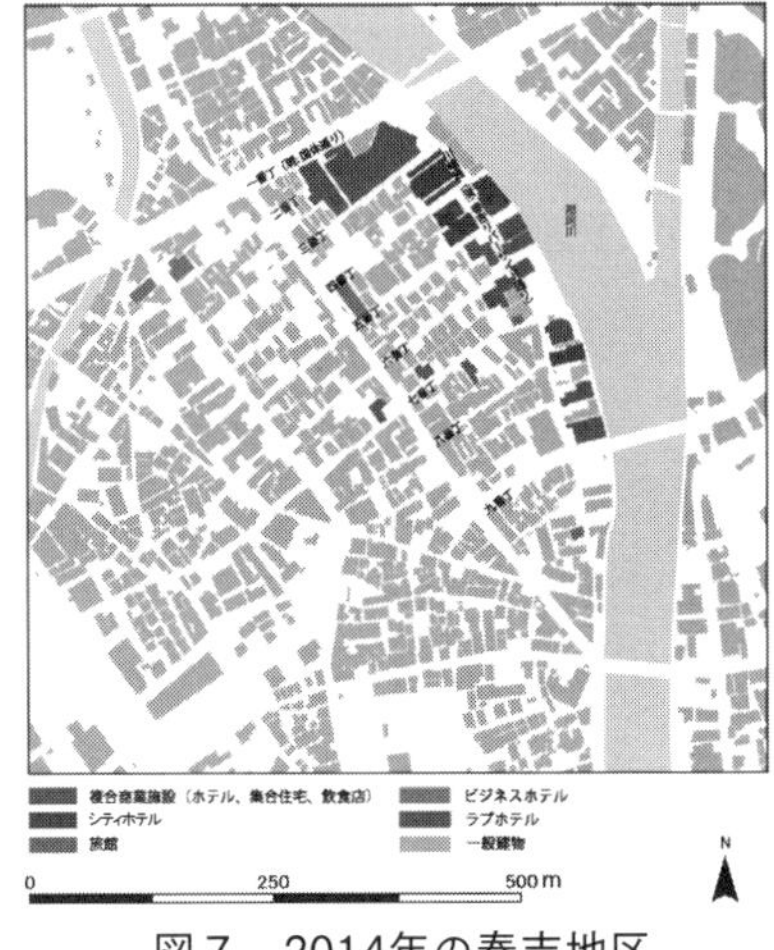

図7　2014年の春吉地区

していることである。すなわち、かつてのコンテクストを引き継ぎながら地区の更新が進んでいる。

(2)商業施設・飲食店の立地と人通りの増加

河川に隣接したエリアは敷地規模も大きいことから、比較的規模の大きなホテル、レストランやバーを併設したホテル・マンションが増加しているが、河川沿い以西の街区では敷地規模も小さいことから、個人経営の商店・飲食店が増加している。

図8は、川沿いのリバーサイド通りに建設された建築物の例である。かつてはラブホテルの入り口ばかり並んだ通りに、写真のような商業施設やコンビニエンスストアまでもが立地するようになった。

また一部のラブホテルでは改装が行われ、その一階部分にはレストランとバーが設けられてシティホテルに変貌を遂げた。このように飲食店や商店の新規出店とともに、人通りも多くなった。

春吉地区のまちづくり団体「晴好実行委員会」事務局のT氏は「春吉地区の各敷地は小規模であるから、チェーン店などの大きな資本は入ってこない。個人の顔が見える付き合いができるのが、この地区の特徴である。」と述べていた。また、イル・パラッツォのマネージャーは「新しく参入してくる出店者は、春吉の将来性に期待して出店している。そのようにして集まった人々は互いに共感できるセンスを持っている。同じセンスをもっていることが強みである。」と話していた。

以上のように、大手資本がなかなか参入できない土壌や春吉の将来像に共感できる人々が次々出店していることも、春吉地区を大きく変える原動力になっている。

(3)個々の商業活動から通り全体の商業活動へ

イル・パラッツォの前面の通りでは、各店舗が協力して共通のアルコール飲料を客に提供するとともに、かつて娼婦を斡旋する中高年女性が佇んでいたこの通りに、新たな名前をつけようと活動している。そのメンバーにイル・パラッツォのマネージャーも名を連ねている。また、イル・パラッツォは、イル・パラッツォのみならず周辺の店舗をPRするための情報誌「春吉プロ本」を発行するなど地域活動への展開がみられる(図9)。すなわち、ハコモノとしてのカタリストのみならず地域活動においてもカタリスト的機能を果たしつつある。

図9　情報誌「春吉プロ本」

総括

以上のようにイル・パラッツォがアーバン・カタリストとしての役割をどのように果たしたのかを、地図による変遷、現地調査、現地でのヒアリングから見てみた。イル・パラッツォが地区再生に寄与できた背景や理由として次のことが指摘できる。

(1)　ラブホテルが多く立地し風紀が良くないなどの理由からこれまで手がつけられなかった地区であるが、もともと川に近いという利点を有し、潜在的な土地の魅力があったからこそ、カタリストが効果的に働いたと考えられる。すなわち、カタリストが挿入されるエリアの潜在的なポテンシャルは重要である。

(2)　春吉地区を歴史的にみると、福岡の都心の天神や博多を裏で支えるような性格の地区であり、そのようなコンテクストを引き継ぎながら新しい機能を取り入れて、新たな地区のイメージを確立している。例えばラブホテルは減少したけれども、ラブホテル的機能は現在も温存している。そのような地区の継続性を有している点も、地区再生がスムーズに行えた一要因と言える。

(3)　建築物というハード的カタリストのみならず、新規出店者との人的交流・地域情報誌の発行・ストリートのネーミングなど、ソフト的な取り組みも併せて実施していることが地区再生に向けた大きな原動力になっている。

(4)　ヒアリングによると、「新しく参入してくる出店者は互いに共感できるセンスを持っている」とのことであるが、共感できるセンスを醸成するためには、カタリストとなる建築に地域の特色を明示することが求められる。まさにロッシが目論んだイル・パラッツォのコンセプトに帰結する。

◎参考文献

1. Attoe Wayne and Donn Logan. American Urban Architecture: Catalysts in the Design of Cities, University of California Press, 1989
2. Stephen Essex and Brian Chalkley, Olympic Games: catalyst of urban change, Leisure Studies, pp.187-206, 1998
3. Timothy Chapin, Sports Facilities as Urban Redevelopment Catalysts: Baltimore's Camden Yards and Cleveland's Gateway, Journal of The American Planning Association, pp.193-209, 2004
4. Carl Grodacha, Museums as Urban Catalysts: The Role of Urban Design in Flagship Cultural Development, Journal of Urban Design, Volume 13, Issue 2, pp.195-212, 2008
5. 倉田直道、カタリストとしての都市デザイン、建築雑誌。建築年報１９９１、pp.6-7, 1991
6. アルド・ロッシ、モリス・アジミ、「都市を触発する建築イル・パラッツォ」の Project Description、六耀社、pp.34-35, 1998

民鉄による沿線開発とサステナブル・シティ

吉中　美保子

日本の公共交通は、欧米各国の公共交通と根本的に異なり、独立採算制の営利事業を原則としてきた（注1）。中でも、民間企業が、鉄道の運行だけでなく施設整備まで行う日本の民鉄（注2）という存在は、世界的にも珍しく、そこには、民鉄独自の事業モデルが存在する。民鉄の事業モデルから得られる知見は、急速な拡大により都市の公共交通インフラが不足しているアジア各都市へ応用可能であると同時に、サステナブル・シティの実現にも寄与するものと考えられる。

鉄道の事業主体

整備・運営主体の違いから見る鉄道事業

日本の鉄道は、整備、運営主体の違いから、大きく4つに分けられる（図1）。整備主体とは、線路や駅施設などの鉄道施設を整備・保有する主体、運営主体とは鉄道施設を使用して運行・運営を行う主体である。

公設公営タイプは、国や地方自治体などの公共機関（公営企業や独立行政法人を含む）が整備、運営を行うもので、民営化される前の国鉄、都営や市営の地下鉄などがこれにあたる。また、民設民営タイプは、民間企業が整備、運営を行うもので、民鉄がこれにあたる。日本には大手民鉄16社を始め95社（注3）の民間企業が存在し、公共交通の一翼を担っている。公設民営・民設公営タイプは、上下分離方式の典型的な形態である。上下分離方式とは、鉄道、道路、空港などの経営において、施設の整備・保有主体と運営主体を分離するもので、欧米

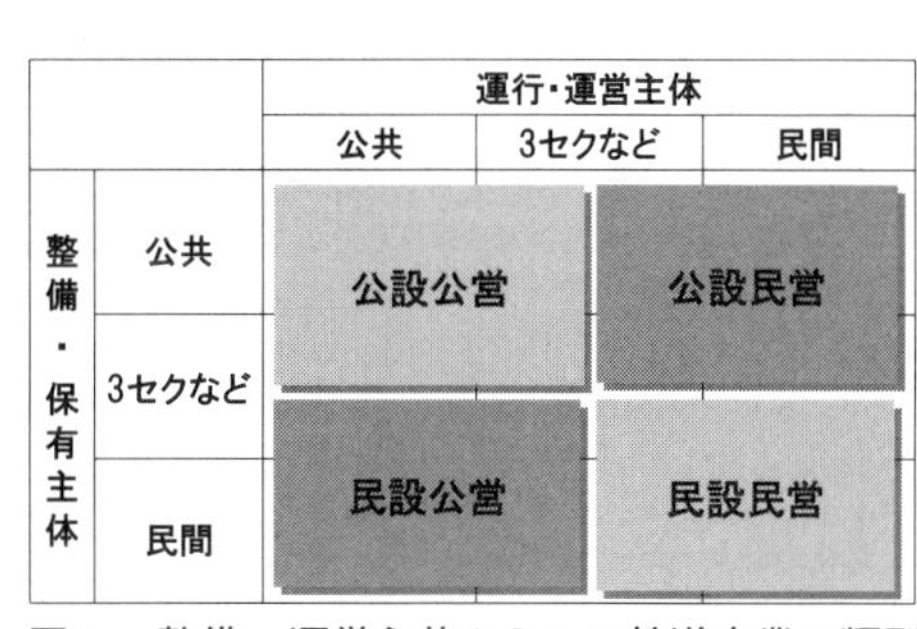

図1　整備・運営主体からみる鉄道事業の類型

の鉄道では多く見られる方式である。会計上の分離を目的とした上下分離もあるため（注4）、公設民営・民設公営と必ずしもイコールではないが、一般的には、公共機関が整備したインフラを使用し、実際の運行を民間が行う公設民営の形をとる場合が多く、逆に、民設公営の事例は少ない（注5）。日本では、公共交通利用者の低下、人口減少など地域の衰退により経営が悪化し、存続が危ぶまれる民鉄の路線、旧国鉄の赤字路線、新幹線等の新線整備などで、近年、上下分離方式（公設民営）の事例が見られるようになってきている。

各国の事業主体の比較

欧州各国の整備・運営主体を図2に整理した。

欧州では、1991年以降、上下分離による鉄道改革が進められている。フランスでは、1997年にSNCF（フランス国有鉄道）を列車の運行・車両の保有などを行うSNCF（フランス国有鉄道）と、線路や駅など鉄道施設の保有・管理を行うRFF（フランス鉄道線路事業公社）に分離した。上下分離は実現されているものの、SNCF、RFFともに公的機関の一種である商工業的公施設法人（EPIC）であり、運営において他の民間企業の参入等もほとんど行われていない（文1、2）。ドイツでは、1994年に旧西ドイツの国鉄と旧東ドイツの国鉄を統合、民営化しDB株式会社を組成した。その後、事業の分割と再編を経て、現在では、運営を行う4つの株式会社（DB Fernverkehr、DB Regio、DB Stadverkehr、

	フランス	ドイツ		イギリス	日本		
運営	SNCF	DBML ・DB Fernverkehr （長距離） ・DB Rasio （近距離） ・DB Stadverkehr （都市交通） ・Db Schenker （貨物・物流）	他民間企業	TOC（旅客運営） FOC（貨物輸送） ROSCO（車両貸与） HMC（車両保守）	JR 民鉄	自治体・3セク	JR・民鉄・3セク
整備 保有	RFF	DB Netze （線路網） DBStation&Service （駅・サービス）		Networkrail			自治体 3セク

図２　整備・運営主体からみる鉄道事業の類型　■が民間

DB Schenker）とそれらの持株会社ＤＢＭＬ、整備・保有を行う２つの株式会社（DB Netze、DB Staion & Service）による上下分離が行われ、民間企業による貨物や近距離旅客輸送の運営への新規参入が増加している。しかしながら、株式会社の株式は連邦政府の保有となっており、株式上場による完全民営化は果たせていない（文1、3、4）。イギリスでは、１９９４年にBritish Railways（イギリス鉄道公社）の運営と整備・保有を分離し、それぞれ複数の会社に異なる方法で民営化を行った。運営は、25の旅客輸送会社ＴＯＣ（Train Operating Companies）、7つの貨物輸送会社ＦＯＣ（Freight Operating Companies）、３つの車両の貸与会社ＲＯＳＣＯ（Rolling Stock Leasing Companies）、７つの車両保守会社ＨＭＣ（Heavy Maintenance Companies）が行い、整備・保有は、インフラを保有するRailtrack株式会社、線路の維持・保守を行う7社のＩＭＣ（Infrastructure Maintenance Companies）、線路の建設を行う6社のＴＲＣ（Track Renewal Companies）で行うこととした。しかし、２０００年代に財源不足や不十分な維持保守業務が原因の重大事故等の問題が起き、インフラを保有するRailtrackは経営破たん、代わりに２００２年に非営利会社のNetworkrailを設立、その後、線路の維持・保守もNetworkrailの直営とされた。イギリスでは、徹底した

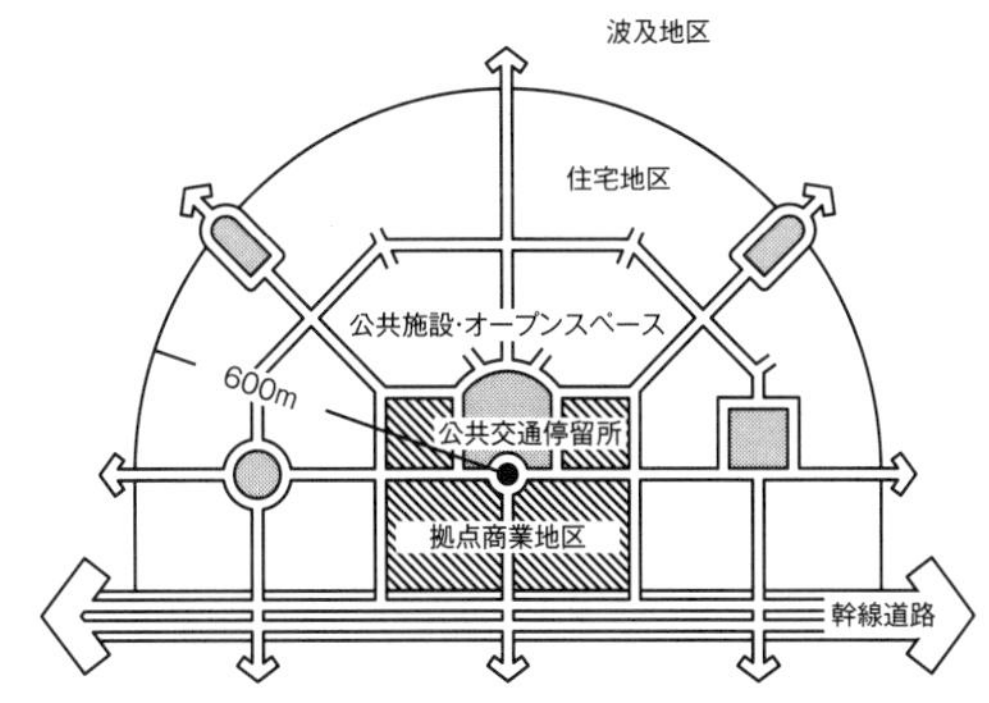

上下分離、民営化が行われたものの、結果的に、整備・保有については、線路の建設を行うＴＲＣ以外は公的領域に位置づけられることとなった（文１、３、５）。

以上のように、欧州各国では、整備・保有は、公共機関が行っている場合が多く、運営についても実質的に公共機関が担う場合が少なくないことから、整備・保有、運営を1社で行う日本の民鉄が、世界的に珍しい事例であることがわかる。

図３　ピーター・カルソープのTODモデル（文6）

民鉄による沿線開発

日本版公共交通指向型モデルとしての沿線開発

公共交通指向型開発（TOD：Transit Oriented Development）とは、公共交通を基盤に自動車に依存しない社会を目指した都市開発で、１９９０年代にピーター・カルソープが提唱した概念である（図３）。これに対し、日本の多くの私鉄のモデルとなったのは、小林一三モデルと呼ばれる沿線開発モデルである。小林一三は、箕面有馬電気鉄道（後の阪急電鉄）の実質的創始者であり、東京急行電鉄の母体となった田園都市株式会社の経営にも参画したと言われている（文７）。

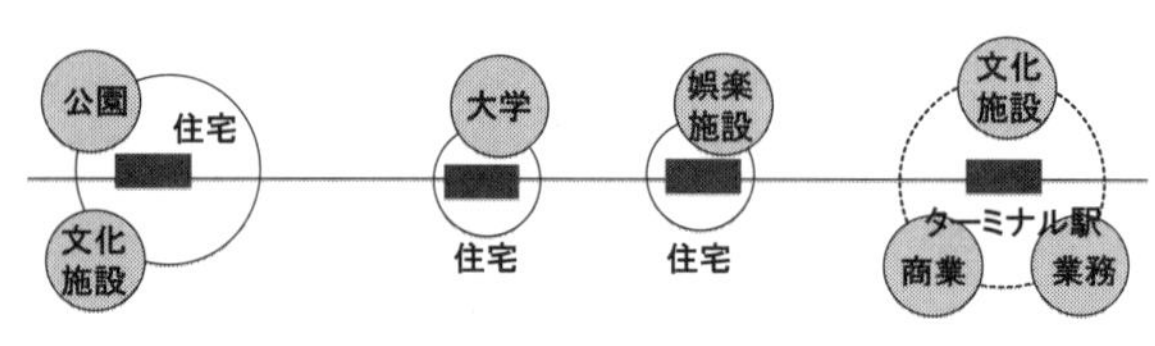

	郊外住宅	娯楽施設・大学	デパート	ターミナル駅
阪急電鉄	池田室町 豊中 千里 芦屋など	宝塚温泉・宝塚音楽学校・大劇場 豊中球場 箕面動物園など	阪急百貨店	梅田駅
東急電鉄	田園調布 洗足 多摩田園都市など	東京工業大学 慶応技術大学 日本医科大学など	東急百貨店	渋谷駅

図４　沿線開発モデル（文８、９等を参照に作成）

ピーター・カルソープのＴＯＤモデルでは、駅を中心とした同心円状の中に、商業、業務、住宅などを配置されているのに対し、沿線開発モデルでは、ターミナル駅に商業・業務施設を、沿線の各駅に住宅、学校・娯楽施設などを配置されている。ＴＯＤモデルが、１つの鉄道駅を中心に自立した圏域をつくるモデルであるとすると、沿線開発モデルは、沿線各駅の機能分担によって、沿線全体で１つの自立した圏域をつくり出すモデルであると言える（図４）。

この沿線開発モデルは、ＴＯＤモデルのように都市計画の概念として提唱されたものではない。しかし、ターミナル駅・急行停車駅・普通停車駅など駅の階層、勤務先・居住地だけでなく娯楽も含めた沿線居住者の生活全体を考慮し、ライフスタイルや沿線文化をつくり出したという意味で、結果的に立派な都市計画モデルに値すると考えられる。このモデルは、民鉄の中でも、小林一三の関わった阪急と東急で顕著に見られるが、他の多くの民鉄もこの沿線開発モデルの影響を受けている。

ビジネスモデルとしての沿線開発

沿線開発モデルは、もともと、旅客需要のない農村地帯における鉄道事業経営を考えたビジネスモデルである。第一に、鉄道とあわせた沿線開発（郊外宅地開発、ターミナル駅開発、娯楽施設等の開発）により、通勤、通学、レジャー等の交通需要を発生させることで、安定的な鉄道事業収入を確保することができる。第二に、自らディベロッパーとして、不動産開発や運営など多様な事業を展開することで、付帯事業の収益を得ると同時に、多角化による企業経営の安定化が期待できる。営業利益を比較すると、多くの民鉄では、付帯事業による営業利益の割合が高いという特徴を持っている。つまり、沿線開発モデルは、営利事業としての鉄道事業を可能にするビジネスモデルの結果としてできた、日本版公共交通指向型モデルであると言えるだろう。

外部経済利益の還元

鉄道など交通施設の整備は、周辺の土地・不動産の資産価値や使用価値の上昇につながり、土地・不動産の所有者や使用者に対して大きな利益（外部経済利益）をもたらすことになる。土地・不動産の所有者や使用者が得る利益は不労利益であり、本来、交通施設の整備に還元することによって、適正な所得分配が達成されるものである。外部経済利益の還元が行われないと、利用者が多く運賃収入で事業採算性が見込める大都市でしか鉄道整備ができない、または不当に高い運賃設定となるなどの問題が生じる。

民鉄の初期の沿線開発においては、鉄道整備用地買収と前後して駅建設予定地付近に土地を先行取得し、鉄道開業後に住宅地開発・売却することにより、鉄道事業者自らが、地価上昇による土地の含み益（外部経済利益）を得るしくみになっていた（文7、10）。つまり、沿線開発モデルには、外部経済利益の還元の仕組みが内在しており、この点が沿線開発モデルをビジネスモデルとして捉える際に、重要な特徴の一つである。鉄道の運賃収入と外部経済利益をあわせることで、鉄道整備の便益が費用を上回り、民間企業による鉄道整備が可能になったと考えることができる。

サステナブル・シティへの寄与と課題

サステナブル・シティとは

サステナブル・シティという言葉は、サステナブル・ディベロップメントから派生した言葉で、１９９０年にＥＵが使用したことによって定着した。今では、地球温暖化に代表される地球環境問題や、先進諸国における少子高齢化等の社会問題、中心市街地衰退等の都市問題など、社会動向に対応した新たな都市計画理論の一つであると言えるだろう。

サステナブル・ディベロップメントという言葉は、１９８７年に国連ブルントラント委員会が出した報告書「Our Common Future」により流布された言葉であるとされている（文11）。サステナブルおよびサステナビリティという言葉については、１９７２年にローマクラブのレポートによって初めて用いられたとする説（文12）や、もともと水産資源管理の基本概念として、資源に影響を与えないで最大の漁獲量を得ることを意味する用語であるという説（文13）等の諸説があるが、そのベースには、自然資源を将来にわたって利用するための、自然の保護と利用に関する考え方がある。また、ディベロップメントという言葉については、時代とともに考え方が変化し、1980年代には、社会の全ての人々の物質的福祉とともに社会的福祉をも広く改善することを含む、多次元的な概念とみなされるようになった（文14）。これは、1960年代、低開発世界に繁栄をもたらす方法は、経済成長と近代的な科学・技術知識の適用を優先させることであると考えられていたが、国家間のまたは国内の格差が拡大したため、1970年代に成長の質が重要であると認識された流れを受けたものである。

サステナブル・ディベロップメントの定義を収集し（注6）、その記述を分析したところ、サステナブル・ディベロップメントを形成している領域（環境、社会、経済、制度）と基本理念ともいうべき各領域のあるべき姿や性能（公平性、自立性、多様性）を示すキーワードおよびキーフレーズを抽出することができた。そこで、それらの領域と基本理念を用い、サステナブル・シティに必要な条件を表1に整理した（文15）。

表1　サステナブル・シティの条件

		基本理念		
		公平性	自立性	多様性
領域	環境	01 人間が他の生物の生存権を侵すことなく、種の公平性が保たれている。将将来世代のニーズを充足させる権利を奪わない。	02 環境負荷や自然資源の利用が環境容量内に収まっている。	03 生物の多様性が保たれている。
	社会	04 都市の社会資源・社会資本を誰もが享受することができる。	05 都市内に十分な社会資源・社会資本を有し、都市機能を外部へ依存しない。	06 人種・民族、ジェンダー、職業、年齢など多様な人が居住し、公平な活動機会がある。
	経済	07 生活に必要な最低限の収入があり、収入に応じた生活が可能である。所得格差が小さい。	08 都市の人口や消費にみあうだけの雇用や清算がある。	09 産業・業種、職種の多様性がある。
	制度	10 社会サービスを誰もが享受でき、誰もが社会に参加する権利がある。	11 制度的、金銭的に都市の自治が可能である。	12 多様な人を受け入れることができる文化があり、様々なステークホルダーの参加が可能である。

沿線開発モデルとサステナブル・シティ

沿線開発モデルは郊外開発モデルであり、サステナブルではないという批判がある。沿線開発モデルにより、郊外開発が行われたことは事実であるが、都市の拡大期において、沿線モデルが鉄道を骨格とした都市形成に寄与したことは間違いないだろう。したがって、環境負荷の小さい鉄道による移動をベースとし、鉄道沿線に開発を集中させることで、無秩序な自然や農地の開発を防いだという点で、環境領域の条件は満たしていると考えられる（表1中の欄01、02、03）。また、鉄道という公共交通機関を用いて、誰もが移動でき（表1中の欄04）、多くの人が購入できる住宅を開発し（表1中の欄04）、沿線に生活に必要な施設のほとんど全てを配置することで、新しいライフスタイルを作り出した（表1中の欄05）。沿線開発モデルは、長い時間をかけて沿線全体を開発されたことから、社会の多様性をも有しており（表1中の欄06）、社会領域の条件も満たしていると言えるだろう。経済領域の公平性と多様性については、沿線開発モデルで重視された点ではないため、満たしているとは言いがたいが、沿線で完結できる生活を目指した点から、自立性（表1中の欄08）については条件を満たしている。鉄道事業の金銭的な自立という意味では、制度領域の自立性についても、一部満たしていると言えるかもしれない（表1中の欄11）。

以上のように、沿線開発モデルはサステナブル・シティの条件の多くに合致しており、TODモデルとは異なるものの、都市の拡大期においては、公共交通指向型のサステナブルな都市開発であると言えるだろう。

サステナブル・シティからみた沿線開発の課題

最後に、サステナブル・シティからみた沿線開発モデルの課題について整理する。

【職住分離と職住近接】

まず、職住分離と職住近接について考える。沿線開発モデルは、郊外住宅地の居住者が沿線の勤務地や学校に通勤、通学を行う職住分離を基本にしているため、沿線開発モデルによって、通勤時間の増大やラッシュ時の混雑という事態が引き起こされる可能性があることは否めない。鉄道の延長が長い場合、都市の拡大に伴い鉄道の延伸が進む場合などは、ターミナル駅と同等の機能を持つ駅を路線の中間に配置するなど、適度に路線を分節する必要があるだろう。

一方で、職住近接を前提としたTODモデルでは、開発の規模が小さい場合や駅間距離が十分に離れていない場合、駅周辺の商業・業務機能が事業として成立しないことがあると考えられる。それは、都市の集積のメリットが分散のメリットより勝った場合に起こると考えられ、地方都市などでは、都市の中で副都心と位置づけられながらも副都心として十分に機能しなかった例も見られる。したがって、職住分離と職住近接は、都市の規模や駅間距離などを考慮し、融合または使い分けをしていく必要があると考えられる。

【都市の縮退期における沿線開発】

沿線開発モデルは、都市の拡大期に郊外開発を行うことを前提としたモデルである。従って、人口増加と都市への人口集中により、急激な都市化を引き起こし、公共交通の整備に課題を抱えるアジアの都市においては、現在でも応用が可能なモデルであろう。公共交通の整備には、多額の費用が必要であるため、財政的に厳しい発展途上国の都市では、海外援助に頼ることとなり、整備が進まない例も多い。しかし、鉄道事業と不動産事業をあわせることで、または、外部経済利益の還元の仕組みを整えることで、営利事業として成り立つ可能性がある。つまり、都市の拡大期における、公共交通指向型の都市形成や民間資金を活用した公共交通の整備といった点で価値のあるモデルだと考えられる。

しかしながら、日本のように人口減少が進む都市の縮退期において、開発した沿線をどう維持していくかについては、今後の大きな課題である。社会資本の活用という点から考えれば、公共交通の整備されていない地域から撤退し、すでに公共交通が整備された地域を残すような縮退の仕方が望ましいが、縮退の程度によっては、路線の短縮もしくは拠点（駅）を間引くような縮退も考えられるだろう。

現在の民鉄では、ターミナル駅の再開発（東急の渋谷駅、阪急の梅田駅など）によって求心力を高めると同時に、駅周辺に医療や生活関連施設を備えた駅中心の再開発、住み替えの支援など、沿線への回帰と強化が行われている。しかし、これらはいずれも沿線地域の強化であって、公共交通の整備されていない地域から縮退する仕組みではないため、このままでは全体的な活力の低下を招くおそれもある。沿線モデルにおいて、外部経済利益の還元の仕組みが内在していたことを考えれば、今後は、都市の縮退が事業として成り立つ仕組みが不可欠であろう。

◎注

注1．日本でも鉄道整備の補助金や赤字路線を維持するための欠損補助金はあるが、ベースの考え方は、運賃収入で鉄道の整備・運営費用をまかなう独立採算制である。

注2．民鉄には国鉄から民営化されたＪＲは含まないものとする。

注3．国土交通省鉄道事業者一覧（文16）より、大手民鉄、準大手と転換鉄道を除いた中小民鉄の合計数を民間企業とした。

注4．公営のまま会計上の上下分離を行うこともある。このような場合、公設公営となるため、上下分離イコール公設民営・民設公営とは限らない。

注5．民設公営の事例として、アメリカの貨物鉄道会社（民間企業）の施設を借りて、旅客鉄道を運営する公共事業体アムト

ラックがある。

注6．文献調査およびインターネット上のウェブサイト調査より、サステナブル・ディベロップメントの概念に関する101例の定義を収集して分析した（文15）。

◎参考文献

文1．張愚諺（2011）：日本および欧州諸国における鉄道改革政策の展開、商経学叢、第57巻第3号、PP. 477-511

文2．François Batisse（2003）: Restructuring of Railways in France: A Pending Process, Japan Railway & Transport Review N0.34, PP. 32-41

文3．今城光英（1999）：鉄道改革の国際比較、日本経済評論社

文4．堀雅通（2008）：公企業改革としてのドイツの鉄道改革、観光学研究、第7号、PP. 37-55

文5．堀雅通（2009）：イギリスの鉄道改革に関する一考察――構造分離の視点から――、観光学研究、第8号、PP. 49-60

文6．ピーター・カルソープ著、倉田直道・倉田洋子訳（2004）：次世代のアメリカの都市づくり―ニューアーバニズムの手法、学芸出版社

文7．阪急電鉄株式会社（1982）：75年のあゆみ

文8．近藤勝直（2010）：〝鉄道王国〟大阪都市圏の現状と課題、流通科学大学論集――経済・経営情報編――、第19巻第2号、PP. 149-158

文9．日建設計駅まち一体開発研究会（2013）：駅まち一体開発――公共交通指向型まちづくりの更なる展開――、建築と都市、2013年10月臨時増刊、A+U出版

文10．中村尚史（2007）：電鉄経営と不動産業――箕面有馬電気軌道を中心に――、社会科学研究、58（4・3）、PP. 13-34

文11．伊藤滋、小林重敬、大西修（監修）（2004）：欧米のまちづくり・都市計画制度――サステナブル・シティへの途――、ぎょうせい

文12．海道清信（2001）：コンパクトシティ――持続可能な社会の都市像を求めて――、学芸出版社

文13：岡部明子（２００３）：サスティナブル・シティ――ＥＵの地域・環境戦略――、学芸出版社
文14：ジェニファー・エリオット著、古賀正則訳（２００３）：持続可能な開発、古今書院
文15：高橋美保子、鵜木千里、出口敦（２００７）：サステナブル・ディベロップメントの概念と都市のサステナビリティ評価手法に関する基礎的研究、都市・建築学研究、九州大学大学院人間環境学研究院紀要、第11号、PP. 31-44
文16：国土交通省（２０１２）：鉄道事業者一覧

第7章 都市と大学キャンパスの環境

坂井　猛

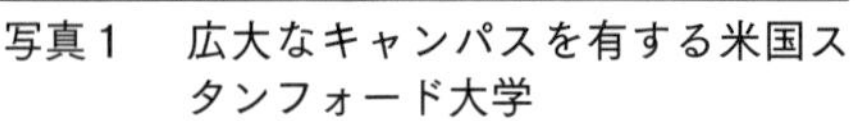

写真１　広大なキャンパスを有する米国スタンフォード大学

図１　市街地に施設が散在する英国オックスフォード大学（参考文献２）

これまでの都市と大学

中世都市に生まれた大学は、約千年をかけて世界各地へ伝播し進化した。中世のヨーロッパやイスラム社会における大学施設は、都市国家や宗教の附属施設であり、長らく市街地の街区を占める複合建築に巣くうギルドの一種、つまり学生と教師による同業者の集団であり、市民とは隔絶されたコミュニティであった。ヨーロッパの古い大学は、クワッドラングルと呼ばれる中庭を囲む建築形態に今もその姿を留めている（図1）。17世紀以降になると、アメリカでは、大陸開拓のリーダーを育てるために大学が創設され、広大なキャンパスを与えられて講義室や図書館や宿舎が別々に独立して建てられるようになった（写真1）。19世紀になるとドイツの国力を上げるために研究を主とする大学が隆盛し、物理化学や医学で国の発展に寄与するようになる。続いてアメリカでも研究をベースとした教育を行う大学が次々と生まれた、20世紀には、スタンフォード大学等の在学生や卒業生がシリコンバレーで次々と起業するようになり、産と学は結びつきを強めるようになった（参考文献1）。

これからの都市と大学

我々が直面している社会情勢は劇的に変化しており、以下のような側面をもつ。
・高度情報化、交通輸送の大量・高速化、グローバル化によるボーダーレスな知識基盤社会化
・生活スタイルの変化と医療の発達による少子高齢社会化
・環境問題の顕在化に対応するための低炭素化社会化

これまでは、生活や産業などの諸活動に利用可能な資源を消費するだけでよかったが、新たな社会のもとでは、物的資源と人的資源の限界を見極め、既存のストックを最大限に活かしつつ創出と配分に知恵を絞ることが求められている。未利用エネルギーの創出、健全な水循環と水資源確保、気候変動に影響を及ぼす温室効果ガス排出のコントロール、食糧と健康、生物多様性などの、都市・地域が抱える課題は、そのまま地球全体の課題となり得ることを多くの人々が認識するようになった。これらの課題を解決するために、次々と新たな産業シーズを生み出し、高度な知識を学んだ若い優秀な人材を世に送り出し、都市・地域の振興に寄与する知的基盤としての大学への期待が高まっている。また、市民と学生、企業と研究室、市長と総長などの様々なレベルにおける都市と大学の多様な連携は、都市・地域の振興にとって重要性を増している。我が国が高齢化・人口減少社会、成熟・定常化社会、高度情報化・知識社会に直面するなかで、社会の情勢や価値観の変化に対してこれからの都市と大学が取り組むべき方向性の一端を示したい。

長期計画とデザインガイドライン

大学は、大学が有している建学の精神やその使命を実現するための教育、研究を行う場であり、近年になり、その活動を通じて都市・地域社会に貢献することが求められるようになった。このため、大学の使命を達成することを目的とする計画「アカデミックプラン」を明文化し、学内外の利害関係者の支持を得る努力を続けている。産官学連携、国際連携等を積極的に行うことで、社会に開かれた大学の活動の場として、より質の高い豊かな充実した環境が用意される必要があり、それを持続することが求められている。世界を視野に入れ活動を展開してきた欧米の有力大学では、常に国際的な競争力を獲得すべく優れた研究者を雇い、優れた学生を集めるために、キャンパス環境整備の長期計画を文書として学内外に明示することによって、寄附金を含む学内外の資金を獲得し、それによって優秀な学生と研究者を育てる一方で、質の高い施設を整備し、維持管理につとめてきた。環境整備の長期計画は、長期発展計画（Long Range Development Plan）、フレームワークプラン（Framework Plan）、マスタープラン（Mater Plan）などと呼ばれる。多くの大学で、将来像を明確に描くマスタープランを定めることが一般的に行われているが、めまぐるしく変わる大学施設の需要に対応するための交通動線や土地利用を主な内容とするフレームワークプランをその上位計画として定める場合もある（図2）。大学によって環境整備の長期計画の目標や記述内容は異なるが、持続的に施設全体の調和が保たれるよう、都市・地域と大学のサステイナビリティの実態を把握し、長期的な見通しを持ってつくられるべき計画であり、時代を経ても変わらな

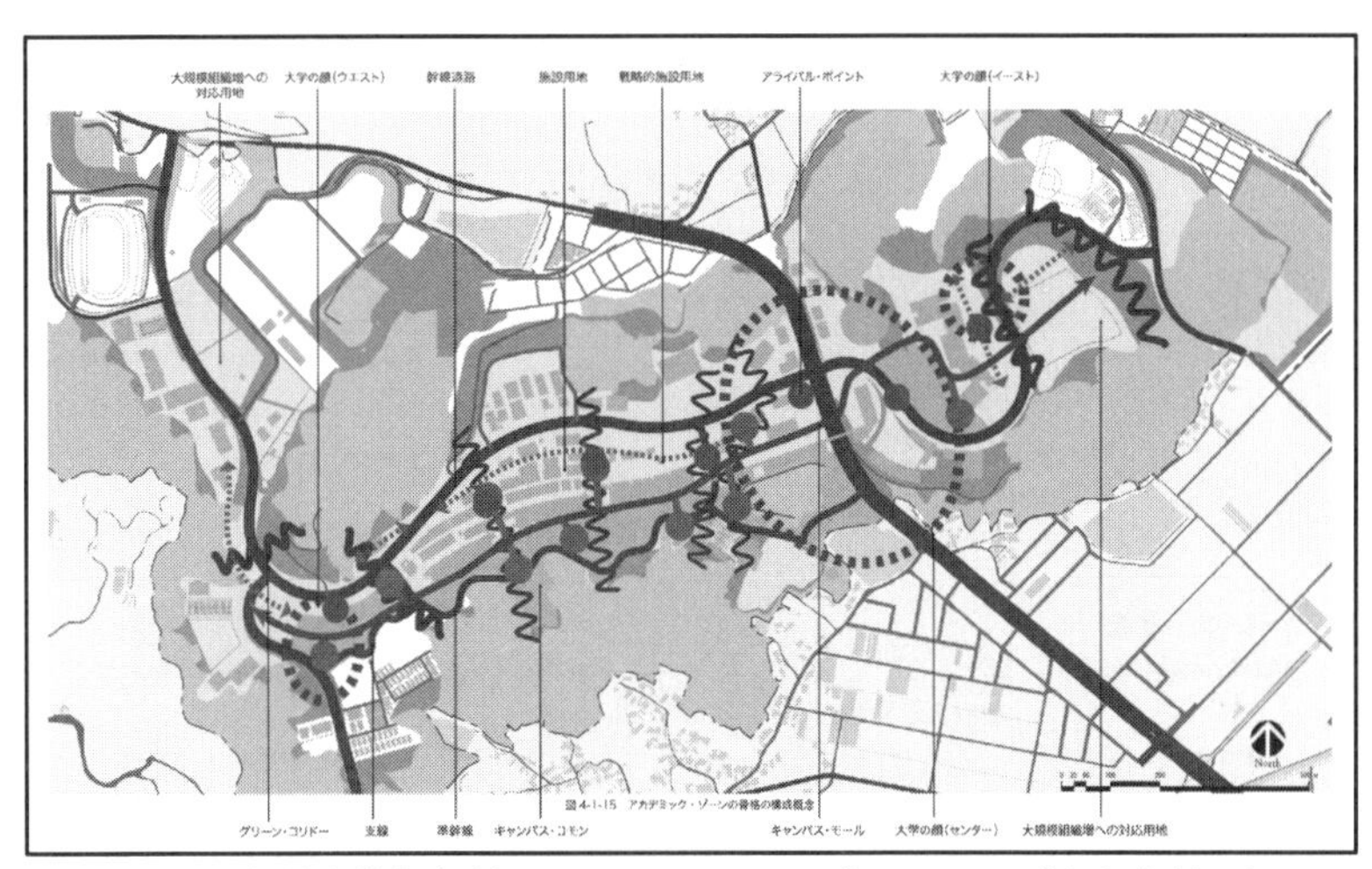

図２　九州大学伊都地区フレームワークプラン2014（参考文献３）

写真２　九州大学伊都キャンパス

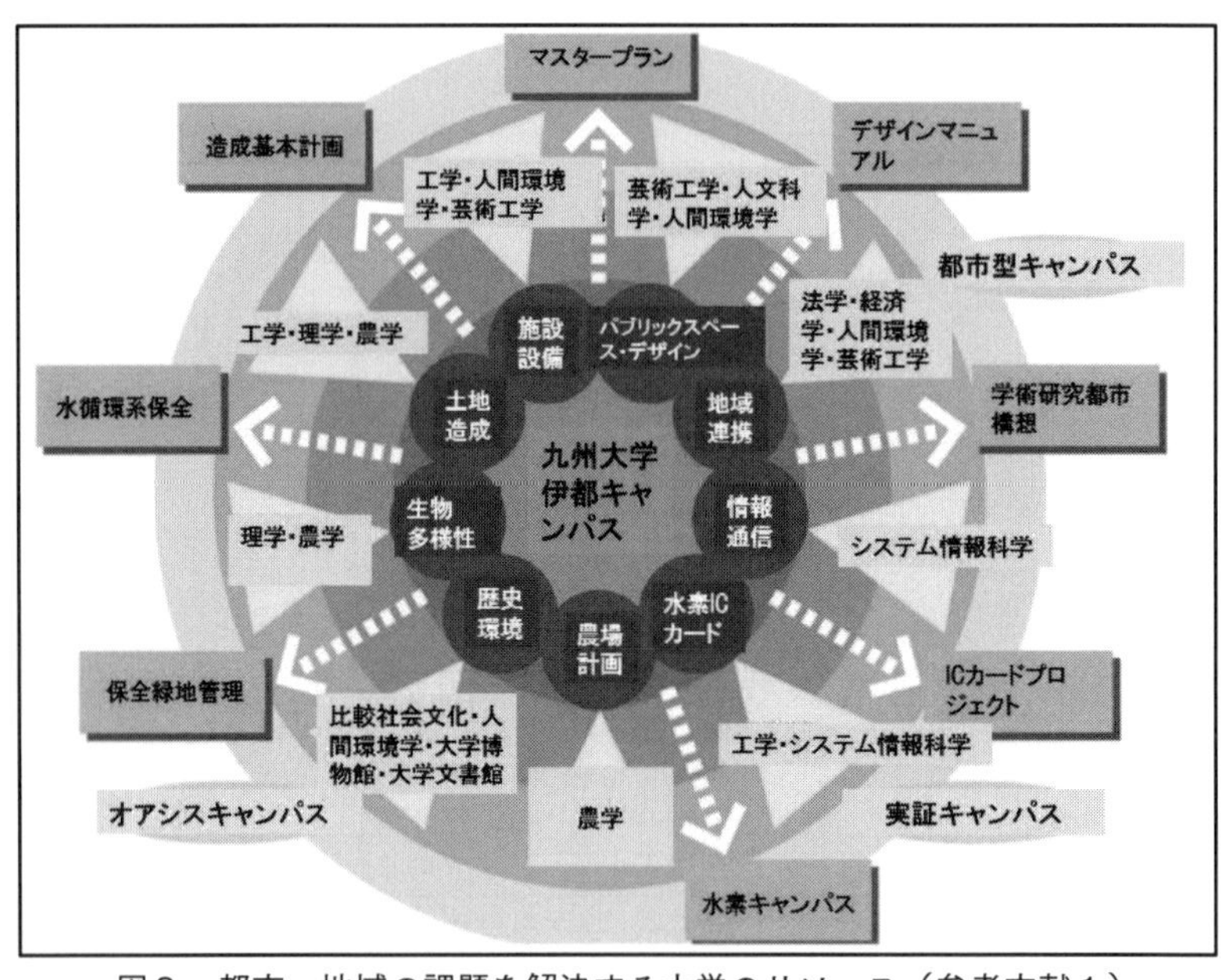

図3　都市・地域の課題を解決する大学のリソース（参考文献1）

いものと時代に応じて変化するものを将来像として明示することが求められる。大学は長期にわたって特殊な閉じたコミュニティであったことから、環境整備の長期計画は、塀の中のキャンパス用地だけですべてを完結させようとする内容が多かったが、近年になって、大学の位置する都市との一体的な開発計画を持ち、都市と大学が共に発展を目指す事例も多くみられるようになった（図3）。

さらに、長期計画を実現するための手段として、デザインガイドラインをもつことが推奨される。デザインガイドラインは、関係者が取り組む基準、指針としてのルール、整備手法等を示したものであり、上位計画に盛り込むには適切ではない詳細な事項や、現場で気を付けておかなければならないことを具体的に示すことが主な役割であり、素材、色彩、ファニチャー、アート、光、サイン、植栽など、ランドスケープの要素が含まれる（図4、図5）。

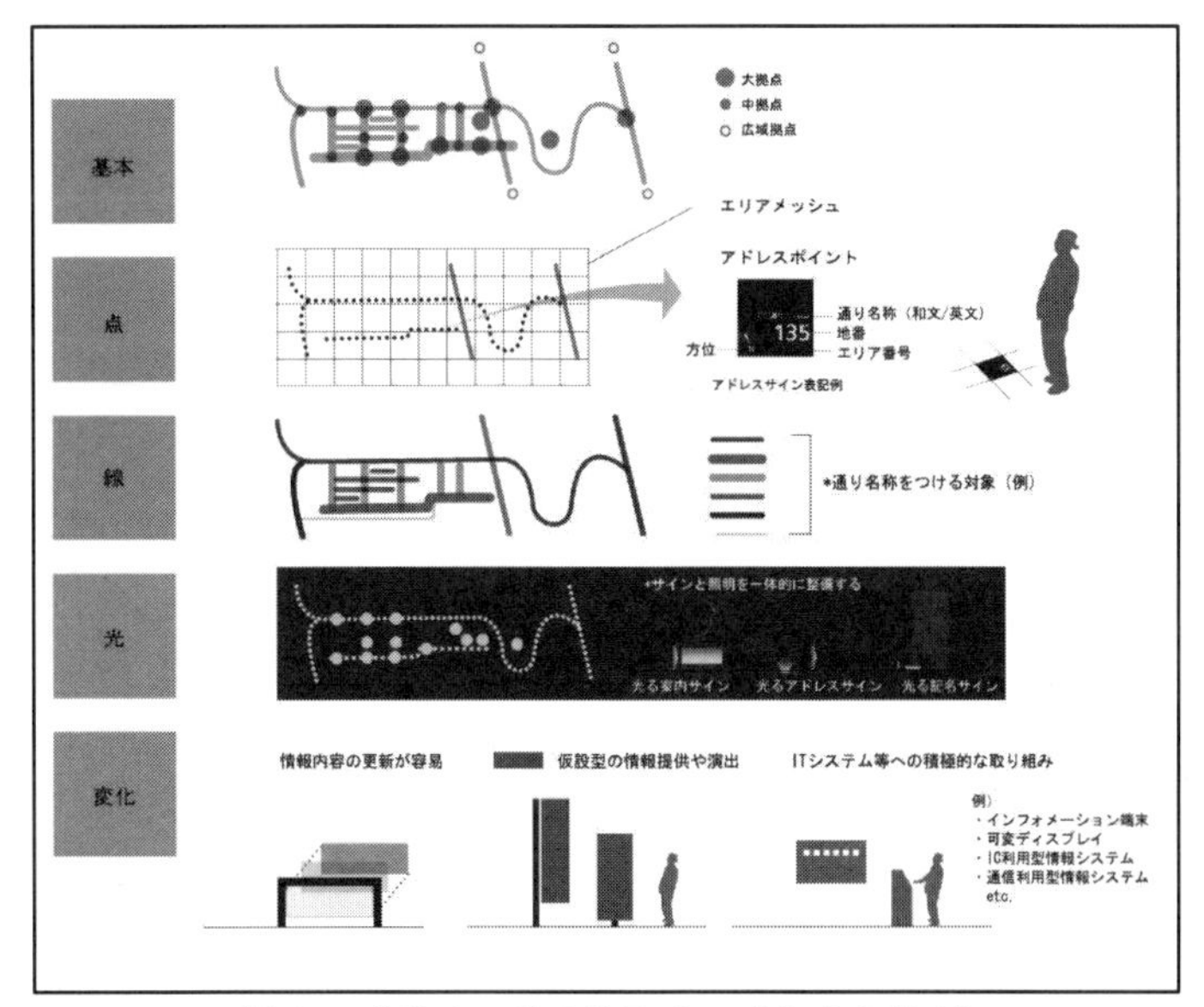

図４　デザインガイドライン（参考文献４）

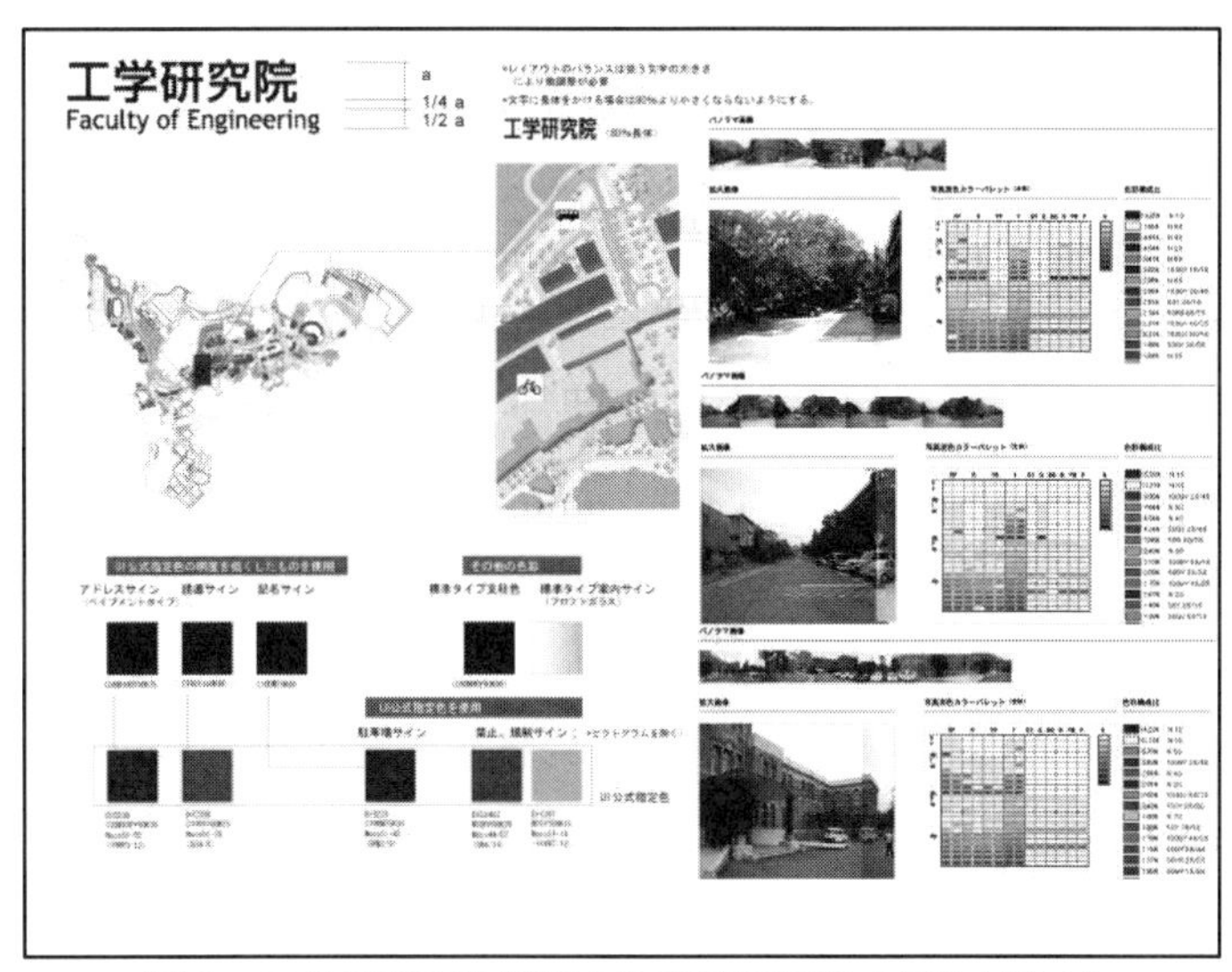

図５　工学系研究教育棟の色彩基準設定（参考文献４）

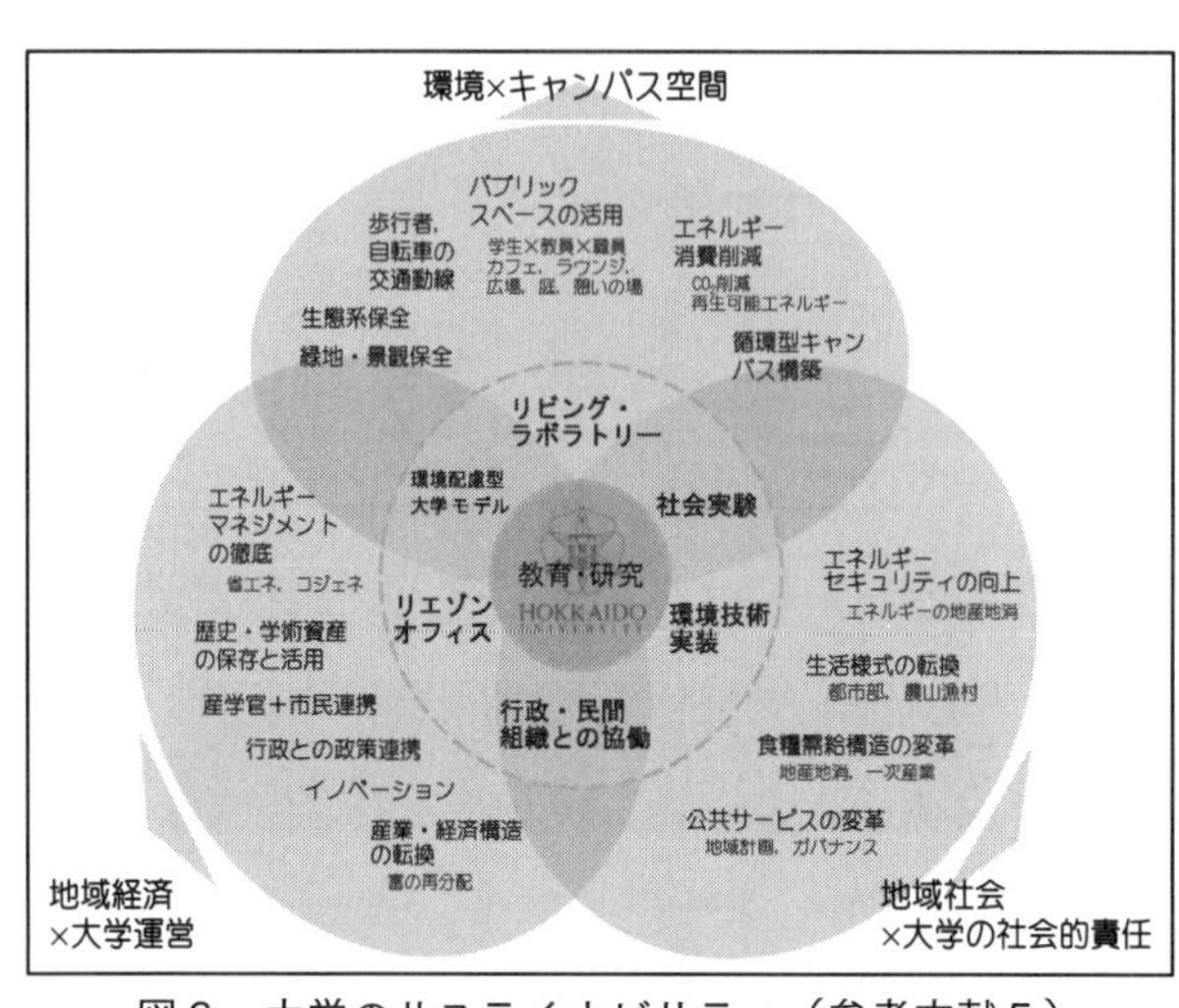

図６　大学のサステイナビリティ（参考文献５）

都市と大学のサステイナビリティ

長期計画の前提として、都市と大学のサステイナビリティを考慮し、把握しておく必要がある。経済面、社会面、環境面のどの側面においても持続可能な都市・地域の実現に向けて、産業、市民、行政、大学における人と組織が連携・協力し、総力を挙げて取り組む必要が生じている。地域社会のサステイナビリティには大学の社会的責任が深く関わり、地域経済には大学の運営体質が影響し、さらに環境に対し大学キャンパス空間のつくりかたと維持が貢献することから、それぞれに関わる事項を把握し、大学全体として弱い点を強化する姿勢を持つように努める必要がある（図６）。

地域社会と大学の社会的責任

大学が立地すると、その地域には20代前後の若年層が増加する。大学内の活動を終えてまちに繰り出す学生や若い研究者の存在自体がまちの活気につながる。地域社会に対する大学の社会的責任を下記のような項目に沿って把握しておく必要がある。

・サステイナビリティを考える組織、活動、方針決定の仕組み
・サステイナビリティを高める人材育成
・教育 カリキュラム、サステイナビリティリテラシー
・学生活動の奨励、支援
・情報発信
・防災拠点、地域防災、業務の継続性
・廃棄物
・交通動線計画、歩行者・自転車、周辺地域との連続化　等

地域経済と大学運営

授業料、助成金、寄附などを収入源とする大学全体が有する購買力、大学が地域に落とすさまざまなコストは、地域経済に直結している。反対に、地域側の企業や行政から大学に支出する共同研究、委託研究などの資金もある。新たな研究成果、シーズを生み出すことを大学に期待するものが多い。産業の転換、産業クラスターづくりへと地域社会をダイナミックに変えていく可能性を秘める次世代に向けた投資といえる（参考文献６）。

近年では、反対に大学が地域のニーズや資源を生かして教育研究を進める形で連携して取り組むコミュニティ・ビジネスを創出する試みも始まった。さらに、大学の持つ知識を地域のビジネスに生かし、地域のブランドづくりを推進するプラットフォームによって地域経済の再生、振興を目指す取り組みも見られる。地域経済に対する大学運営を下記のような項目に沿って把握しておく必要がある。

・大学の持つ財源、資産、ファシリティ
・エネルギーのマネジメント
・産学官連携と地域サービス　等

地域環境と大学キャンパス空間

大学は、数十haから数百ha、数千haに及ぶ広大な敷地を持つ。その用途は、施設の立地するエリアやグラウンド、農地、緑地、水面と多様であり、小さな都市に匹敵する環境を有する。大学の有する空間のマネジメントは地域の環境に直結しており、影響を与えることから、土地の改変には細心の心配りが必要である。地域環境に対する大学キャンパス空間の貢献を下記のような項目に沿って把握しておく必要がある。

・サステイナビリティ関連研究と地域実践
・生態系と緑地・林地
・オープンスペース、パブリックスペース、景観

・施設の環境性能、室内環境
・歴史的資産の活用　等

大学の活動主体別にみる産官学連携

ひと口に「大学」といっても、その活動主体はさまざまである。
・学生団体、ボランティア、サークル
・学部・学科・研究室などの研究組織
・大学法人を代表する執行部
などがある。一般に「大学」というとき、市民がこうした活動主体の違いを意識することは少ない。そこで、環境づくりを目的とした産官学連携におけるそれぞれの活動主体における具体的な取り組みを紹介したい。

学生団体、ボランティア、サークルとの連携

学生は、大学教育の対象であると同時に、大学におけるさまざまな活動の源である。学生によるまちづくり活動は都市活性化の起爆剤として期待されている。全国都市再生まちづくり会議（日本都市計画家協会主催）などで、学生同士が各地で展開するさまざまな取り組みを情報交換する機会も増えている。九州大学は、福岡

市西部の糸島半島に新天地を求め、2005年から新キャンパスへの移転を開始した。大学事務局が、マンパワーのほとんどを造成や施設計画に集中せざるを得ず、緑地環境の保全まで手が出なかった移転初期に、既存の枠にとらわれずに学生団体が主力となって始めた保全活動が、理学と農学の教員の支援を得て続けられ、やがて地元住民、自治体、学内に認知されるようになり、次第に保全活動以外の活動へと展開した。安全で楽しく長続きするボランティア活動の必要性を大学に訴えた大学院生が、学生を対象とした学内の競争資金を活動費として、キャンパス緑地の竹林除伐、植樹、緑地内散策路の作成、自然観察会などの環境保全活動を行ってきた。しかしながら、キャンパスの緑地約100haの維持管理はNPOや学生ボランティアの力では限界があり、大学や外部からの継続的な活動予算の確保が課題である。

写真3　学生による空き家の改修

また、建築を専攻する学生が中心になって空き家の多い隣接市に出向き、市の助成金を得て空き家を改修して学生が住みやすくすることで学生の居住を促す取り組みや、学生による小型モビリティを活用した地域観光に寄与する実験などもみられる（写真3）。学生が主体となって地域に出向き、様々な活動を通じて活性化を図る試みは、住民の賛意を得られやすく、連携も進みやすい。一方で、学生は数年のサイクルで入れ替わり、年代によって人材が増減することから、活動の維持がひとつの課題となっている。

学部・学科・研究室などの研究組織との連携

研究室が単位となり、研究テーマを持って地元や行政と連携したプロジェクトに取り組む事例はこれまでも多かったが、近年では、学部や学科などの研究組織－研究室の集合体との連携が増えている。中心市街地活性化に取り組む熊本大学工学部の「まちなか工房」（熊本市）や、高齢化する団地の再生に取り組む大学発の「ＮＰＯ法人ちば地域再生リサーチ」（千葉市）などの意欲的な事例が見られる。

九州大学伊都キャンパスが位置する糸島地域は、福岡県内有数の農業地域として知られるものの、近年、急速に都市化が進み、農業の衰退、農村環境の悪化などの諸問題が懸念されている。このため、大学院の農学系教員の組織である農学研究院が、地域社会の持続的発展に寄与し得る新しい学生教育・学習基盤の形成を目指し、糸島地域に分散する農地や畜舎などの生物生産基盤等を積極的に活用したネットワーク型農学校を創設し、参加型・体験型の学生教育・地域活性化プログラムを展開した。事業を推進するにあたり、隣接する糸島市の農家、市民を対象に産官学連携シンポジウムを開催し、大学が目指す新しい授業の在り方について理解を得て、農家の悩み相談などのイベントを数多く開催し、農家やＪＡ、行政との信頼関係を構築するとともに、農家の生の声が聞ける授業や、農家へ入り込み農業の現状を数日間体験する授業、地域をフィールドとして環境問題などを考える授業などを展開してきた。

大学法人との連携

大学全体は、研究教育の現場を重視しつつ、理事会などの経営組織が意志決定し学長を中心とする経営チームが運営を行っている。大学相互および自治体との連携を強化し、大学全体の活動をより活性化するために、大学と都市のコンソーシアムや、パートナーシップ協議会によるさまざまな連携（京都市、横浜市など）も増えている。立命館アジア太平洋大学（別府市）のように大学としてまちづくりに参画する大学や、東北公益大学（酒田市・鶴岡市）のように「大学まちづくり」をコンセプトにした大学もある。

１９９８年、福岡から唐津に至る地域の学術研究都市づくりを目指す九州大学学術研究都市推進協議会が発足した。協議会の会長は九州経済連合会会長であり、意志決定の行われる大きなテーブルの中で大学は協議会の一員であった。２００１年に策定した九州大学学術研究都市構想は、地域の「知の拠点」「知的クラスター」を目指しており、協議会の下に（財）九州大学学術研究都市推進機構を設立し、各自治体は、企業進出のための用地を確保し、構想の実現に向けて動き出した。福岡市は、学園通り線などの幹線整備とあわせて大学キャンパスに隣接する元岡地区に産学連携交流センターを建設し、ナノテクノロジーに関する民間企業と大学の研究拠点化を進めた。福岡県は、糸島市に糸島リサーチパークを整備し、水素エネルギーに関連する製品研究試験センターや実証研究センターなどを建設し、産業界の参画を促進するとともに、次世代技術を実証する場としての都市づくりを進めている。このほか、風力等のクリーンエネルギー、携帯・ＰＣ遠隔制御システム、社会情報基盤技術を搭載したＩＣカードを地域で活用するシステムなどが開発されている。

都市と大学キャンパスの環境づくりの課題

持続可能な都市・地域を実現するための産官学連携による環境づくりに市民や学生も関わることを前提とすれば、そのプラットフォームを最初につくるときに行政の果たす役割は大きい。ここで、環境づくりに取り組むときに効果的な展開を図るための課題をあげれば以下の通りである。

第1に、学生グループとの連携では、学生や研究室教員が地元住民、ボランティア団体、大学事務局との連携、調整など、さまざまな障壁を少しずつ乗り越えることができるよう、学生と共に前向きに取り組む地元の行政職員の役割は重要であり、自治体で部署や担当を決め、常に関心を持って接することが活性化の鍵となる。また、カウンターパートナーとなる自治体の担当部課が明確化し、日常的なコミュニケーションを図れるようになると、行政による支援が円滑になり連携が継続的なものになっていく。

第2に、学部・学科・研究室などの研究組織との連携では、組織が大きくなると、大学の事務部門を含む組織体と自治体の複数の関係者がそれぞれで取り組むことになるため、窓口となる大学と行政の各担当者が信頼関係を構築し、取り組みのスタンスや流れを正確に理解することが必要になる。また、産官学連携は多くの場合、定式化した業務でないことから、連携の成否は担当職員のやる気に負うところが大きく、ここでも連携活動の触媒的な機能が期待される。

第3に、部局レベルとの連携に限ったことではないが、大学の活動資金は数年間の期限付きが多いため、継続するために行政のバックアップも必要になってくる。さらに、経済、行政、大学のトップ同士による定期的な会合やイベントや共通の体験を通じての意思疎通、問題意識の共有、信頼関係の構築が、連携を先へ展開していくときの手掛かりになる。そのとき、関係者同士の緊密な関係が構築できていることもまた重要である。

第4に、地域との連携活動に意義を見いだし、地域に就職を希望する学生は多いが、その受け皿はまだまだ少なく、大都市への学生の産地直送状態はいまだに続いている。やりがいのある仕事を増やすこと、雇用を確保すること、産業・経済を活性化することは、地域社会における古くて新しい課題であり、産業、市民、行政、大学など、都市・地域における人と組織が連携・協力し、総力を挙げて取り組む必要がある。

第5に、より使いやすく高品質の都市と大学の空間を目指すことである。キャンパスの置かれた土地の実情と特性に応じた地区レベルの取り組みを通じて、都市と大学の環境をつくり続けることにより、より使いやすく品質の高い空間を増やし、次の世代に渡すことは、都市づくりの現場にいる者の責務でもある。そのためにも、良い空間のわかる心の豊かな市民を増やし、支持を得ることが必要である。市民の空間活用に関する知識と空間鑑賞に関する能力、意識を高めることにより、事業に対する理解や必要な議論を行いやすくし、より良い空間を作るための土壌が形成できる。

大学キャンパスは、単なる都市の一部、単なる都市施設の一つではなく、研究に基づく様々なシーズが生まれる場であり、都市の将来を占う様々な実験的試みを行うことが可能な場を有し、都市の持続可能な発展に繋がるポテンシャルを秘めている。

◎参考文献

1　坂井猛、都市と大学、『これからのキャンパスデザイン』（共著）、pp.3-13, 九州大学出版会、２００７年
2　Site Map, University of Oxford, http://maps.ox.ac.uk/
3　九州大学伊都地区フレームワークプラン２０１４、２０１４年
4　九州大学新キャンパス・パブリックスペースデザインマニュアル、２００４年
5　北海道大学サステイナブルキャンパス推進本部、２０１４年
6　坂井猛、地域経済の再生・振興、『地域と大学の共創まちづくり』（共著）、pp.94-95, 学芸出版社、２００８年
7　坂井猛、大学移転とまちづくり、『まちおこし・ひとづくり・地域づくり―九州のとりくみ20選―』（共著）、pp.111-127, 日本都市学会特別賞学術共同研究賞、櫂歌書房、２０１１年
8　坂井猛、国立大学法人伊都キャンパス、『福岡市合併50年記念誌もとおか』（共著）、福岡市合併50年記念誌編集委員会、pp.119-122, 松古堂、２０１１年
9　坂井猛、推進・マネジメントの体制、『いまからのキャンパスづくり』（共著）、pp.134-136, 日本建築学会、２０１１年

道路交通騒音に配慮した沿道の建物配置計画

藤本　一壽

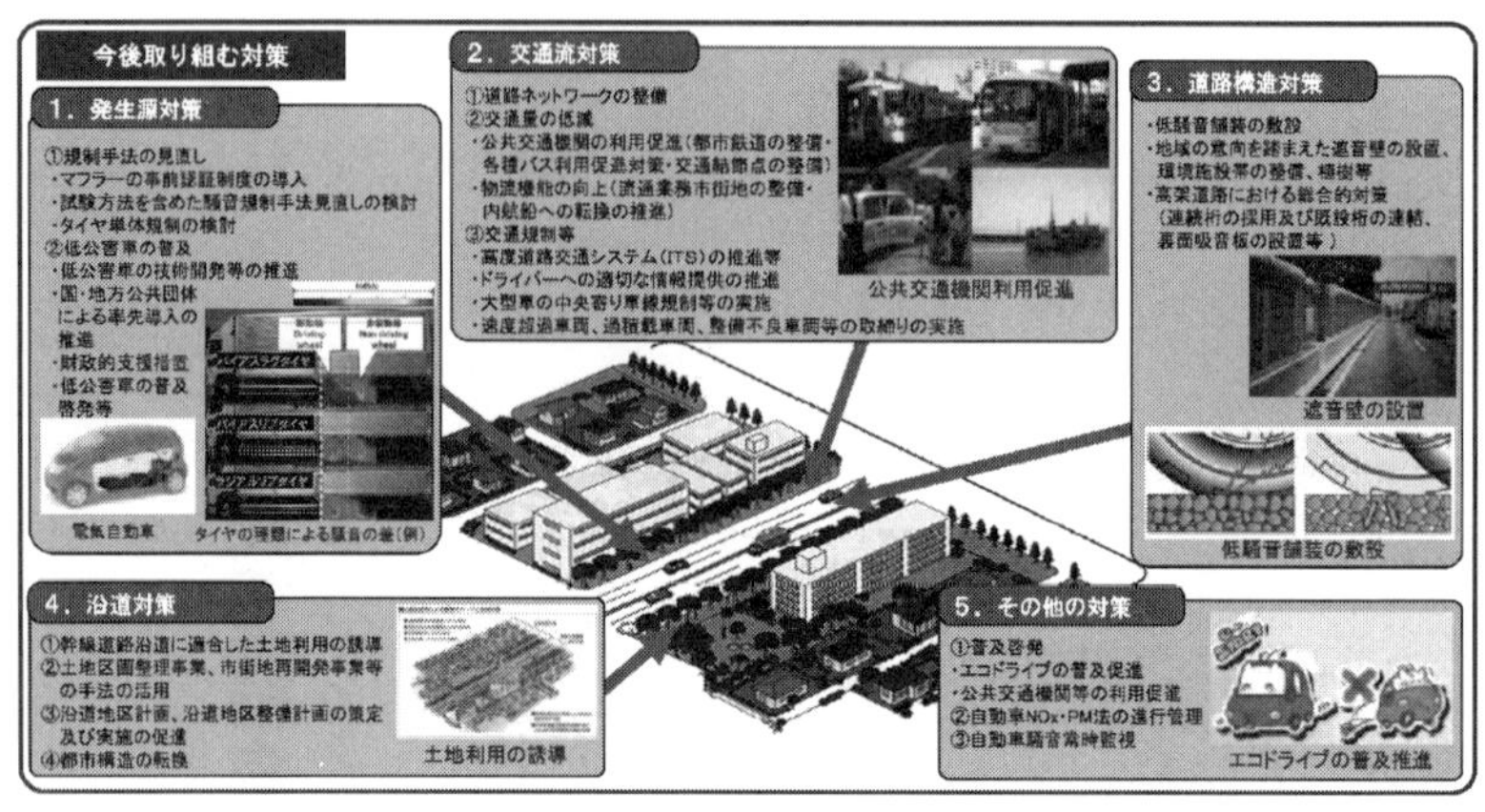

図－1　今後の自動車騒音対策の取組方針（環境省）
環境庁「今後の自動車騒音対策の取組方針について」（平成21年6月）
(http://www.env.go.jp/press/files/jp/13832.pdf) より抜粋

まえがき

交通量の多い道路の沿道は自動車の走行に伴う騒音が大きいため、沿道を適切な居住環境とするためには道路交通騒音の防止が必要である。環境省は、今後の自動車騒音対策の取組方針（参考文献1）として、図－1（参考文献2）に示すように、（1）発生源対策、（2）交通流対策、（3）道路構造対策、（4）沿道対策、（5）その他の対策、を掲げている。

教科書（参考文献3）にも、〝交通や産業に伴う騒音・振動公害は道路計画や用途地域指定など都市計画上の重要な問題として取り上げられなくてはならない〟として、図－2のような「配置計画を工夫して居住地域で自動車騒音を抑えた例」が紹介されている。これは、環境省の自動車騒音対策の取組方針の（4）に該当するものと考えられる。

上の例のように、沿道に道路交通騒音に対するバッファーとなる建物（群）を配置し、その背後の騒音を低減させるこ

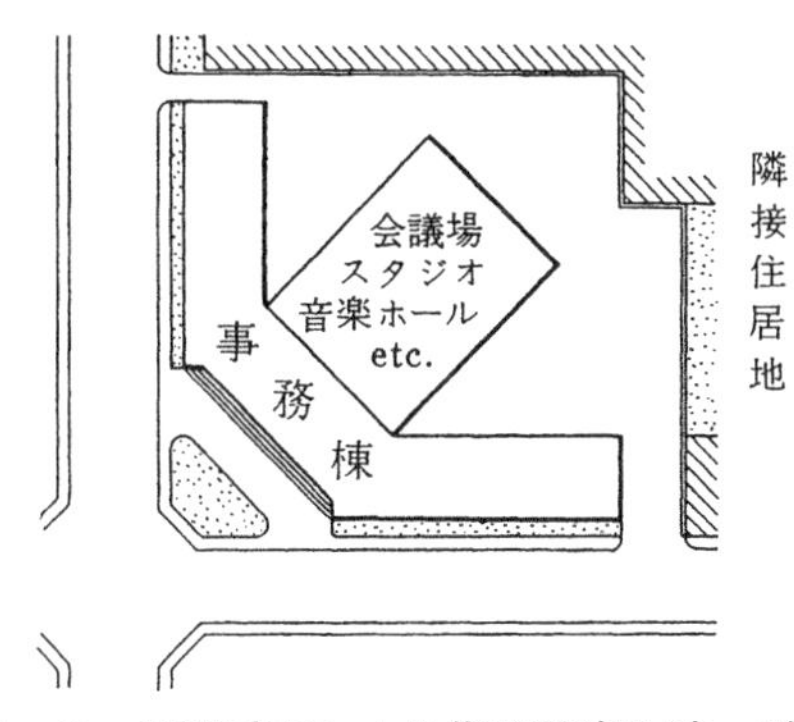

図－2　配置計画により街頭騒音を防いだ例
前川ほか（著）「建築・環境音響学第２版」、p.145より

とも道路交通騒音防止の一手法となる。このような道路交通騒音の低減を意図した沿道の建物配置の検討には、沿道に立地する建物による道路交通騒音の低減効果を的確に予測し、建物背後の騒音を把握することが基本となる。本章では、道路交通騒音に配慮した沿道の建物配置計画を検討するために必要な、建物（群）による道路交通騒音の低減量の予測計算法について概説する。

道路交通騒音の予測

沿道の道路交通騒音を予測する手法として、わが国で最も一般的に用いられているものは日本音響学会の道路交通騒音予測モデルASJ RTN-Model 2013（参考文献４）（以後、ASJ Model と呼ぶ）である。このモデルは、道路一般部、道路特殊箇所（インターチェンジ部、連結部、信号交差点部など）を対象に、定常走行、非定常走行、加減速・停止の状態において、道路周辺における道路交通騒音の等価騒音レベルを予測するものである。本節では、建物背後の道路交通騒音の予測を念頭にして ASJ Model の概要を述べる。

ASJ Model の基礎式

ASJ Modelは、道路を走行する自動車が発生する騒音が予測点にどのように伝搬するかを理論的に求め、予測点における等価騒音レベル L_{Aeq} (dB) を予測するものである。

1台の自動車を無指向性点音源、屋外を半自由空間（地表面を完全反射面と想定し、地表面以外の反射面はない空間）と仮定すると、予測点におけるA特性音圧レベル L_{A} (dB) は、音源（自動車）のA特性パワーレベルを L_{WA} (dB)、音源から騒音予測点までの距離を r（m）として、

$$L_{\mathrm{A}} = L_{W\mathrm{A}} - 20\log_{10} r - 8 \qquad (1)$$

で計算される。

図－3のような道路を考えると、自動車の走行によって音源の位置 i は時々刻々と変化し、これに伴って予測点の L_{A} も変化する。L_{A} の変化は連続的であるが、計算対象道路を短い区間に分割し、音源が i 番目の区間に存在する時間 Δt_i (s) の間は音源がその区間の中心に停止していると考え、各点音源（i）から予測点に伝搬するA特性音圧レベル $L_{\mathrm{A},i}$ を式（1）により離散的に求め、それらの値から L_{Aeq} を計算しても十分な精度が得られる。このとき、騒音の伝搬エ

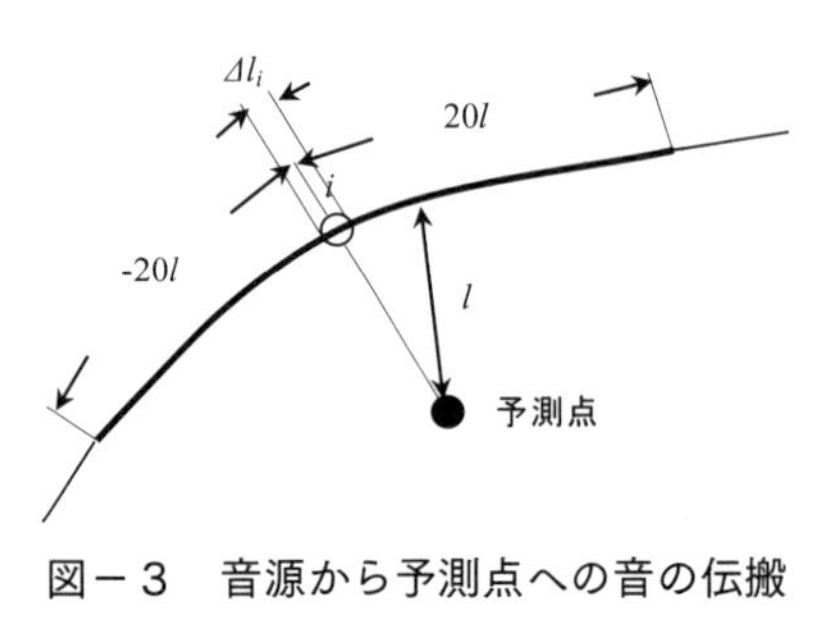

図－3　音源から予測点への音の伝搬

ネルギーは距離の2乗に反比例するので、$L_{A,i}$ の計算に際して、予測点から一定距離以上離れた音源からの寄与を無視しても実用的には問題ない（ASJ Model は、予測点と道路との最短距離 l を1区間として、l の20倍までの範囲（$-20l$ から $+20l$）の道路を考慮すればよいとしている）。

すなわち、1台の自動車が区間 $-20l$ から $+20l$ の道路を走行したときの予測点におけるA特性音圧レベルの時間変化（〝ユニットパターン〟と称される）$L_{A,i}$（$i = -20, -19, \ldots, 20$）から、1台の自動車が走行したときの単発騒音暴露レベル L_{AE} を（2）式で求め、

$$L_{AE} = 10\log_{10}\frac{1}{T_0}\sum_{i=-20}^{20} 10^{L_{A,i}/10}\cdot\Delta t_i \qquad (2)$$

（ただし、$T_0 = 1\mathrm{s}$）、さらに交通量 N（台／h）を考慮することで1時間（3,600 s）の等価騒音レベル L_{Aeq} が得られる。

$$\begin{aligned} L_{Aeq} &= 10\log_{10}\left(10^{L_{AE}/10}\cdot\frac{N}{3600}\right) \\ &= L_{AE} + 10\log_{10}N - 35.6 \end{aligned} \qquad (3)$$

自動車走行騒音の音響パワーレベル

ASJ Model は、自動車走行騒音のA特性パワーレベル L_{WA}（dB）を式（4）で与えている。

表－1　式（4）の定数 a、b（2車種分類の場合）

車種分類	定常走行区間 (40 km/h ≥ V ≥ 140 km/h)		非定常走行区間 (10 km/h ≥ V ≥ 60 km/h)	
	a	b	a	b
小型車類 (乗用車+小型貨物車)	46.7	30	82.3	10
大型車類 (中型車+大型車)	53.2		88.8	

$$L_{WA} = a + b\log_{10}V + C \qquad (4)$$

ここで、Vは走行速度（km/h）、aは車種別に与えられる定数、bは速度依存性を表す係数、Cは各種要因による補正項である。a、bの値は、定常走行と非定常走行、車種分類が2車種分類か4車種分類かによって異なる（2車種分類の場合を表－1に示す）。補正項Cは、排水性舗装等による騒音低減に関する補正量、道路の縦断勾配による走行騒音の変化に関する補正量などで表されているが、ここでは説明を省略する。

建物背後における道路交通騒音

沿道の建物背後では、建物の遮蔽効果によって道路交通騒音は減衰する。ASJ Model（6．建物・建物群背後における騒音）には、その程度を予測するための方法として、（1）単独建物の背後における騒音、（2）建物群背後における騒音、の2種類の計算方法が示されている。

単独建物の背後における騒音（参考文献5、6）

沿道に単独の建物が立地している場合、あるいは、複数の建物が立地しているが、建物間の距離が十分大きく、建物壁面による相互反射音が無視でき、かつ建物による騒音の回折を建物ごと（個別）に考慮すればよい場合に適用する方法である。

この計算では、各点音源 i から予測点に伝搬するA特性音圧レベル $L_{A,i}$（dB）の計算（ユニットパターンの計算）において、建物の遮蔽効果を考慮する。建物を有限長で厚みのある障害物（直方体）と考えて、建物の遮蔽効果による減衰と壁面による反射音を考慮する。すなわち、建物を有限長遮音壁と考えたときの回折補正量の計算方法（ASJ Model の3．2．3項）と、壁面を矩形平面と考えて反射音の計算方法（ASJ Model の3．5．1項）を適用して、直接音（回折音）と反射音の寄与を求め、それらを合成して $L_{A,i}$ を計算する（図－4）。すなわち、次式により $L_{A,i}$ を計算する。

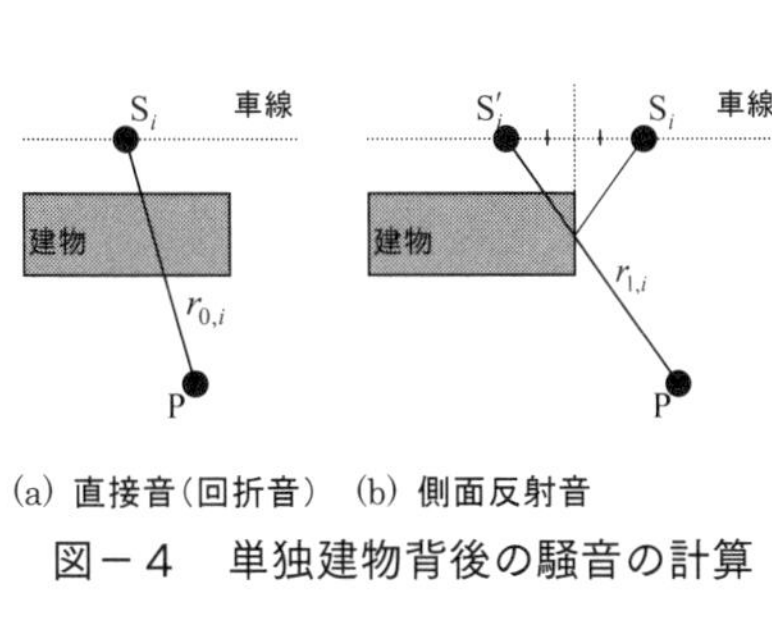

(a) 直接音（回折音）　(b) 側面反射音

図－4　単独建物背後の騒音の計算

$$L_{A,i} = 10\log_{10}\left(10^{L_{A0,i}/10} + 10^{L_{A1,i}/10}\right)$$
$$L_{A0,i} = L_{WA,i} - 8 - 20\log_{10} r_{0,i} + \Delta L_{bldg,i} \qquad (5)$$
$$L_{A1,i} = L_{WA,i} - 8 - 20\log_{10} r_{1,i} + \Delta L_{b-refl,i}$$

ここで、$L_{A0,i}$ は S_i からの直接音（回折音）のA特性音圧レベル（dB）、$L_{A1,i}$ は S_i からの壁面反射音のA特性音圧レベル（dB）である。また $\Delta L_{bldg,i}$ は単独建物の回折補正量（dB）、$\Delta L_{b\text{-}refl,i}$ は反射面である壁面の大きさが有限であることに関する補正量（dB）、$r_{0,i}$ と $r_{1,i}$ は、音源 S_i 及びその反射面に対する鏡像音源 S'_i から予測点Pまでの直達距離（m）である。

ASJ Modelには、単独建物の回折補正量ΔL_{bldg}に関する計算方法として、（ⅰ）1パスの方法（建物の側方回折を考慮しないで上方回折のみを考慮した計算）と（ⅱ）上方と側方の回折音を考慮する方法の2種類、及び壁面反射音の補正量$\Delta L_{b\text{-}refl}$の計算方法が示されているが、ここでは説明を省略する。

建物群背後における騒音

沿道に複数の建物（建物群）が密集して立地しており、建物壁面による相互反射音が無視できない場合や建物による騒音の回折が建物個別に取り扱えない場合に適用する方法である。ASJ Modelには3種類の計算方法が示されているが、ここでは、予測点ごとのL_{Aeq}を求めることができる、（ⅰ）線音源モデルによる計算方法、（ⅱ）点音源モデルによる計算方法、について述べる。ただし、両者とも、建物が我が国の標準的な大きさの戸建て住宅であることを想定しており、建物の大きさや立地条件が異なる住宅地には適用できない点に注意する必要がある。

（ⅰ）線音源モデルによる計算方法（参考文献7、8）

直線とみなすことができる平面道路又は盛土道路の沿道に複数の戸建て住宅が立地している場合の建物群背後の特定点における等価騒音レベルL_{Aeq}（dB）は、建物群が存在しない場合の等価騒音レベル$L_{Aeq,0}$（dB）と建物群による減衰に関する補正量ΔL_{bldgs}（dB）によって、次式のように表される。

$$L_{\mathrm{Aeq}} = L_{\mathrm{Aeq},0} + \Delta L_{\mathrm{bldgs}} \tag{6}$$

平面道路の場合

道路が平面道路（住宅地と同じ高さにある道路）の場合、住宅群による減衰に関する補正量 $\Delta L_{\mathrm{bldgs,flat}}$（式（6）の $\Delta L_{\mathrm{bldgs}}$ に添え字 flat を付けて表記した）は次のように表される。

$$\Delta L_{\mathrm{bldgs,flat}} = p \cdot \Delta L_{\mathrm{bldgs,B}} + q \tag{7}$$

$$\Delta L_{\mathrm{bldgs,B}} = \begin{cases} a \log_{10} \left\{ \frac{3\phi}{2\pi}(1-b) + b \right\} & (\phi \neq 0) \\ a \log_{10} b - 32.8\xi - 0.242H \\ \qquad + 0.358 d_{\mathrm{road}} + 3.60 & (\phi = 0) \end{cases} \tag{8}$$

$$a = 74.2\, e^{-0.174 d_{\mathrm{road}}} + 4.74 \tag{9}$$

$$b = 8.82\, e^{-0.236 d_{\mathrm{road}}} \tag{10}$$

$$p = -2.05 \times 10^{-2} (h_{\mathrm{p}} - 1.2) + 1 \tag{11}$$

$$q = -0.684/h_{\mathrm{p}} + 0.570 \qquad (12)$$

ただし、h_{p}は予測点Pの高さ（m）、ϕは見通し角（rad）、ξは建物率、d_{road} は予測点Pから道路へ下した垂線の水平距離（m）、Hは建物の高さ（m）である。ここで、ϕは、水平面において予測点Pから道路への垂線を中心とした頂角$2\pi/3$の2等辺3角形（基準3角形）を考えた場合の頂角に対する点Pから道路が見える角度の総和 $\phi = \phi_1 + \phi_2 + \cdot\cdot\cdot$（図－5）を、また$\xi$は、基準3角形の面積に対する立地した建物面積の合計の割合（図－6）を表す。

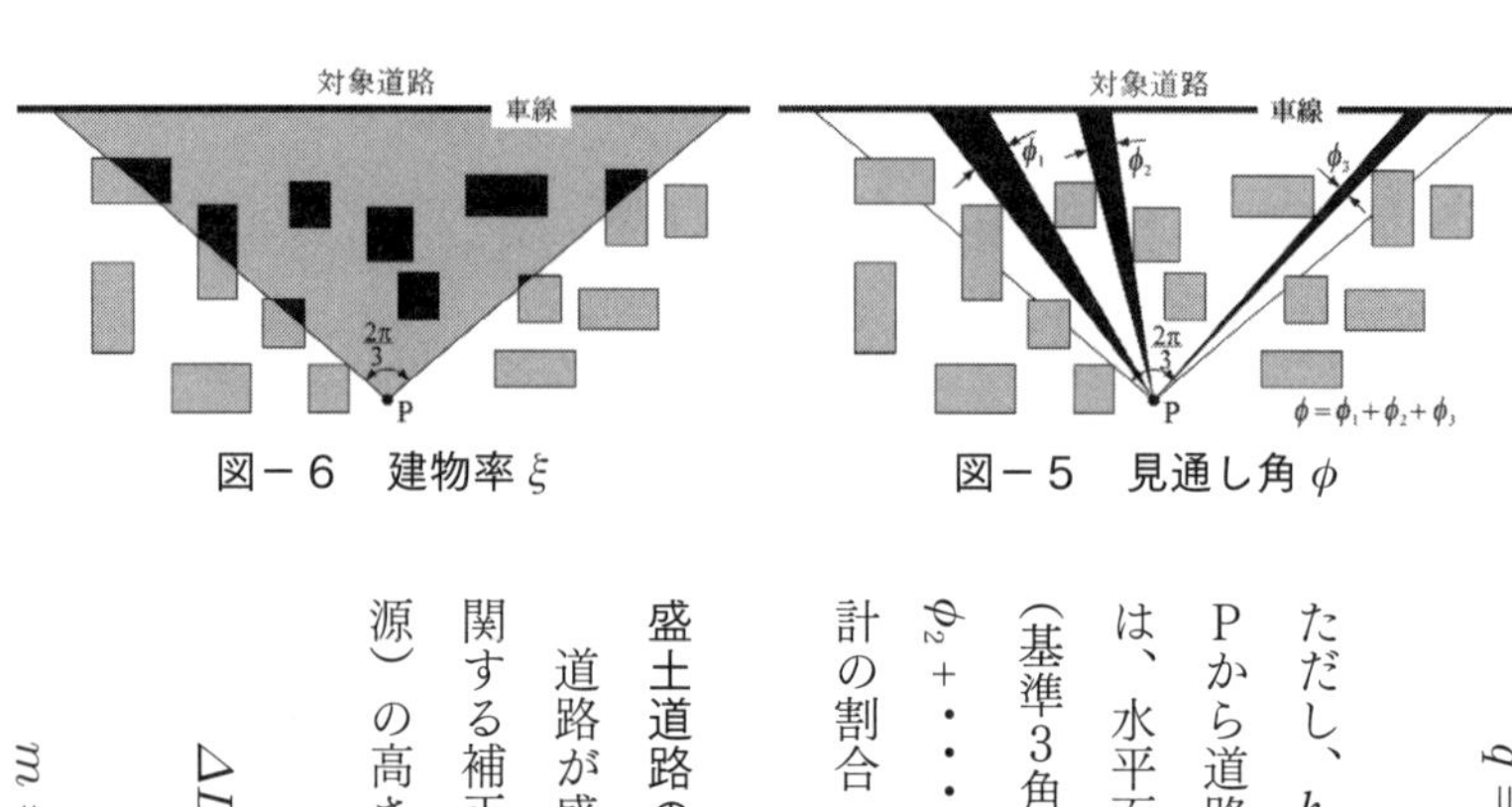

図－5　見通し角 ϕ

図－6　建物率 ξ

盛土道路の場合

道路が盛土道路（住宅地よりも高い位置にある道路）の場合、建物群による減衰に関する補正量 $\Delta L_{\mathrm{bldgs,bank}}$（式（6）の $\Delta L_{\mathrm{bldgs}}$ に添え字 bank を付けて表記）は、道路（音源）の高さh_{S}（m）を考慮した次式で計算される。

$$\Delta L_{\mathrm{bldgs,bank}} = m \cdot \Delta L_{\mathrm{bldgs,flat}} + n \qquad (13)$$

$$m = r\,(h_{\mathrm{p}} - 1.2) + s \qquad (14)$$

$$n = t\,(h_{\mathrm{p}} - 1.2) + u \tag{15}$$

$$r = -8.21 \times 10^{-4}\,(h_{\mathrm{S}} - 0.3)^2 + 9.09 \times 10^{-3}\,(h_{\mathrm{S}} - 0.3) - 1.88 \times 10^{-2} \tag{16}$$

$$s = 2.19 \times 10^{-3}\,(h_{\mathrm{S}} - 0.3)^2 - 4.59 \times 10^{-2}\,(h_{\mathrm{S}} - 0.3) + 1 \tag{17}$$

$$t = 5.16 \times 10^{-3}\,(h_{\mathrm{S}} - 0.3)^2 - 5.97 \times 10^{-2}\,(h_{\mathrm{S}} - 0.3) + 5.66 \times 10^{-2} \tag{18}$$

$$u = -4.03 \times 10^{-2}\,(h_{\mathrm{S}} - 0.3)^2 + 4.49 \times 10^{-1}\,(h_{\mathrm{S}} - 0.3) \tag{19}$$

ここで、$\Delta L_{\mathrm{bldgs,flat}}$は、式（6）に$h_{\mathrm{p}}$=1.2を代入して得られる値である。

式（7）、式（13）が有効であるのは、予測点Pが道路から20～50 mの範囲にあり、見通し角ϕは0～0・92、建物率ξは0・12～0・39、建物高さHは4～10 m、音源高さh_{S}は0・3～8・3 m、受音点高さh_{p}は1・2

〜8・2 mに限定され、更に予測点の高さh_{p}は建物高さH以下の条件を満たす場合に限定される。

なお、住宅地内に高さの異なる建物が混在している場合や建物の屋根が陸屋根（水平の屋根）でない場合は、立地している建物の屋根の平均高さをHとすればよい（参考文献12）。

（ii）点音源モデルによる計算方法（参考文献9、10、11）

直線とみなすことができない平面道路に面して戸建て住宅群が立地している場合、i番目の音源位置（図−3参照）に対して住宅群背後の予測点で観測されるA特性音圧レベル$L_{\mathrm{A},i}$ (dB) は、建物群による減衰に関する補正量を$\varDelta L_{\mathrm{B}}$ (dB) とすると、次式で計算される。

$$L_{\mathrm{A},i} = L_{W\mathrm{A},i} - 8 - 20\log_{10} r_i + \varDelta L_{\mathrm{B}} \qquad (20)$$

ここで、$L_{W\mathrm{A},i}$はi番目の音源位置における自動車走行騒音のA特性音響パワーレベル (dB)、r_iはi番目の音源位置から予測点までの直達距離（m）である。$\varDelta L_{\mathrm{B}}$は次式で計算する。

$$\varDelta L_{\mathrm{B}} = p \cdot \varDelta L_{\mathrm{BB}} + q$$
$$p = 0.017\,(H - h_{\mathrm{p}} - 8.8) + 1 \qquad (21)$$
$$q = -0.063\,(H - h_{\mathrm{p}} - 8.8)$$

ここで、Hは建物群の高さ（m）、h_{p}は予測点の高さ（m）である。ΔL_{BB} はHが10 m、h_{p}が1・2 mの場合の補正量で次式で計算する。

$$\Delta L_{\mathrm{BB}} = 10\log_{10}\left\{a_0 + a_1\cdot\frac{\phi}{\Phi} + a_2\sum_i\left(\frac{\theta_i}{\Phi}\cdot\frac{d_{\mathrm{road}}}{d_{\mathrm{ref},i}}\right) + a_3\cdot\frac{1}{n}\sum_{k=1}^{n}\left(\frac{0.251}{1+0.522\,\delta_k}\right) + a_4\cdot 10^{-0.0904\,\xi\cdot d_{\mathrm{SP}}}\right\} \qquad (22)$$

ここで、$a_0 = 0.039$、$a_1 = 1.16$、$a_2 = 0.201$、$a_3 = 0.346$、$a_4 = 0.288$ である。

式（22）の$\frac{\phi}{\Phi}$の項は、音源から予測点へ伝搬する音の直接音成分を示し、図－7に示すように、予測点Pから音源Sの前後５mの道路を見たとき、Φは建物群がない場合の見通し角（rad）、ϕは建物群が立地している場合の見通し角（rad）である。

式（22）の$\sum_i\left(\frac{\theta_i}{\Phi}\cdot\frac{d_{\mathrm{road}}}{d_{\mathrm{ref},i}}\right)$の項は音源から予測点へ伝搬する音の反射音成分を示す。本予測式では、道路（音源）と予測点の間と予測点のすぐ背後に立地する建物群による１次および２次の幾何学的反射音を考慮している。図－８に示すように、θ_iは予測点Pの１次虚像点P'又は２次虚像点P"から音源Sの前後５mの道路を見たときの見通し角（rad）、d_{road} はPから道路までの接線距離（PからSにおける道路の接線へ下ろした足までの平面距離）（m）、$d_{\mathrm{ref},i}$ はP'又はP"からSへの接線距離（m）である。

式（22）の $\frac{1}{n}\sum_{k=1}^{n}\left(\frac{0.251}{1+0.522\,\delta_k}\right)$ の項は、図－9に示すように、音源Sから建物（平面図）の1つの頂点Oだけを回折して予測点Pに到達する1次回折音成分を示す。音源Sの前後5mの道路に離散音源点を配置し、各離散音源 S_k から予測点に至る1次回折音の経路差（$\overline{S_kO}$-$\overline{OP}$-$\overline{S_kP}$）を δ_k（m）とする。ただし、離散音源 S_k から予測点Pが見える（直接音が存在する）場合は1次回折音を計算しない。n は離散音源数を示す。

式（22）の $10^{-0.0904\xi\cdot d_{\mathrm{SP}}}$ の項は、音源Sから予測点Pに伝搬する音の、直接音・反射音・1次回折音成分以外の成分を示す。図－10に示すように、d_{SP} をSとPの水平距離（m）として音源Sと予測点Pの周辺に幅15mの長方形を想定し、ξ は長方形内の建物密度（長方形の面積に対する建物群の立地面積）である。

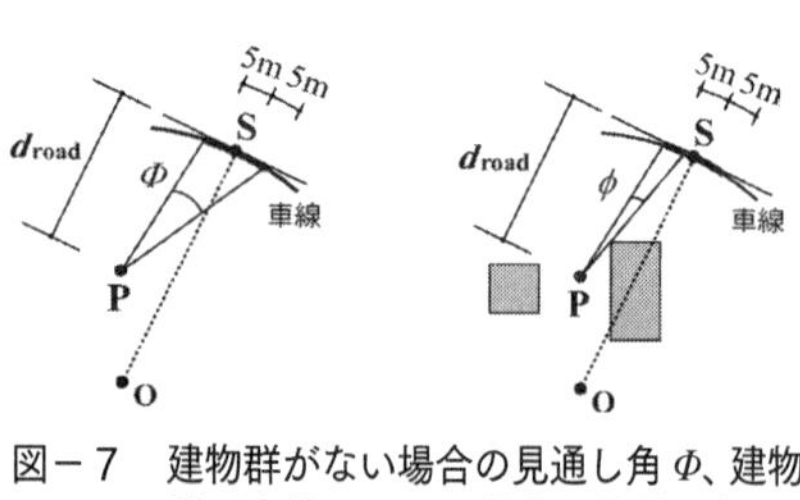

図－7　建物群がない場合の見通し角 Φ、建物群が立地している場合の見通し角 ϕ

式（21）、式（22）は、標準的な大きさの多数の戸建て住宅が立地する住宅地の縮尺模型実験の結果に基づいて導出されたものである。実験条件は、予測点Pが道路から20～50mの範囲で、建物率（住宅地面積に対する建物群の立地面積）は0・16～0・34、建物群の高さHは4～10m、予測点の高さh_{p}は1・2～9・2mであることから、式の適用範囲も原則としてこの範囲に限定され、更に予測点の高さh_{p}は建物群の高さH以下でなければならない。なお、住宅地内に高さの異なる建物が混在している場合や建物の屋根が陸屋根（水平の屋根）でない場合は、立地している建物の屋根の平均高さをHとすればよい（参考文献12）。

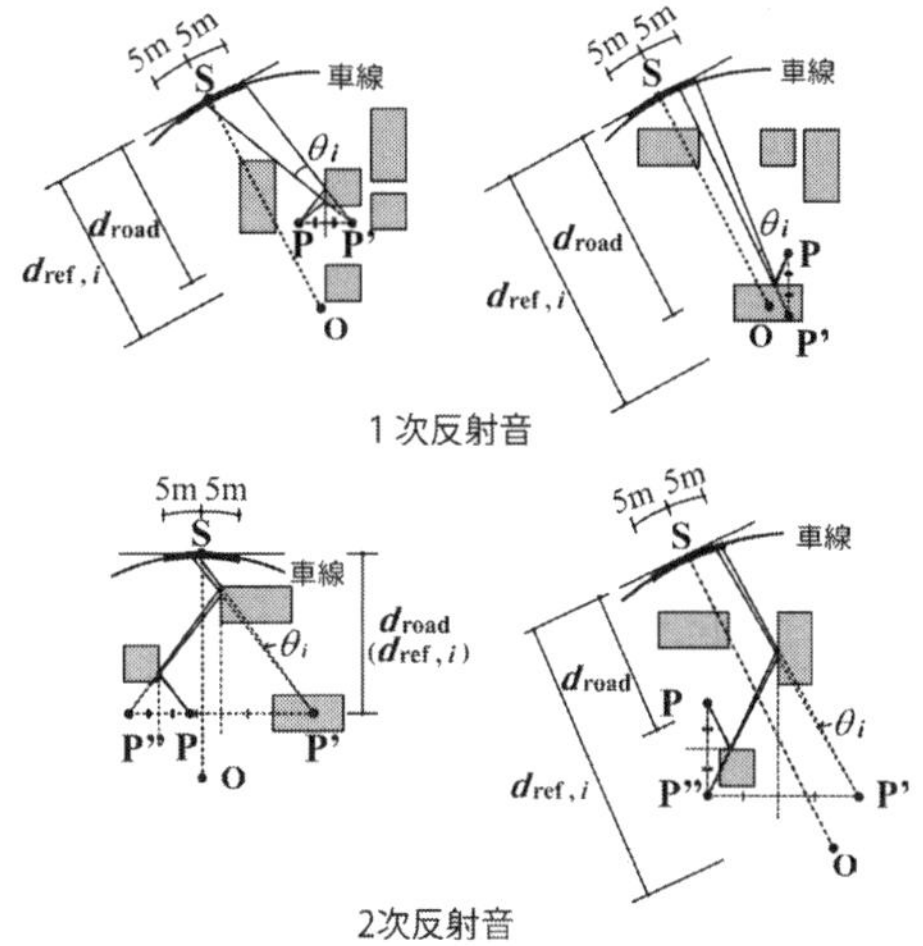

１次反射音

2次反射音

図－８　予測点の虚像点から音源を見たときの見通し角 θ_i と虚像点から道路までの接線距離 $d_{ref,i}$ 及びＰから道路までの接線距離 d_{road}

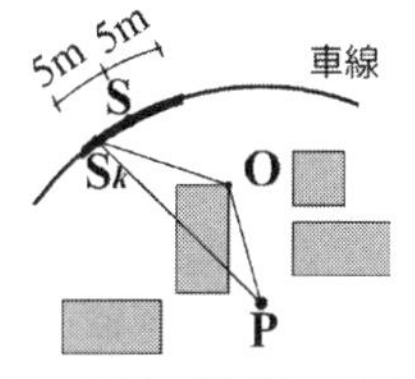

図－９　１次回折音（仮想点音源から建物の一つの頂点だけを回折して予測点に伝搬する音）

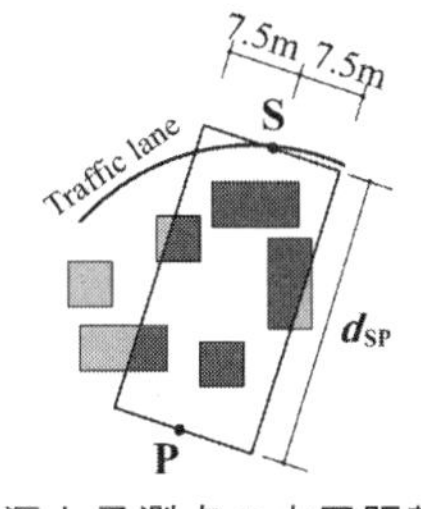

図－10　音源と予測点の水平距離 d_{SP} 及び幅15m、長さ d_{SP} の長方形内の建物密度 ξ

建物背後における道路交通騒音の計算例

2に示した計算方法を用いて、建物背後における道路交通騒音を計算した例を示す。

単独建物背後の騒音の計算例（参考文献13）

平面が長方形（40ｍ×10ｍ）と正方形（10ｍ×10ｍ）で屋根が陸屋根である2種類の単独建物が、直線道路から10m離れた位置に道路と平行して立地している場合の建物背後の騒音レベルを計算した。図－11に示す。「単独建物の背後における騒音」に示した計算方法は地表面の影響を考えていないので、音源、予測点、建物屋根面の相対的高さだけが意味を持つ。本計算例は、音源を屋根面よりも20m低い位置、予測面の高さを屋根面から1m低い水平面としている。予測値は、A特性パワーレベルが0dBである1台の車両が走行したときのL_{Aeq}を示す。

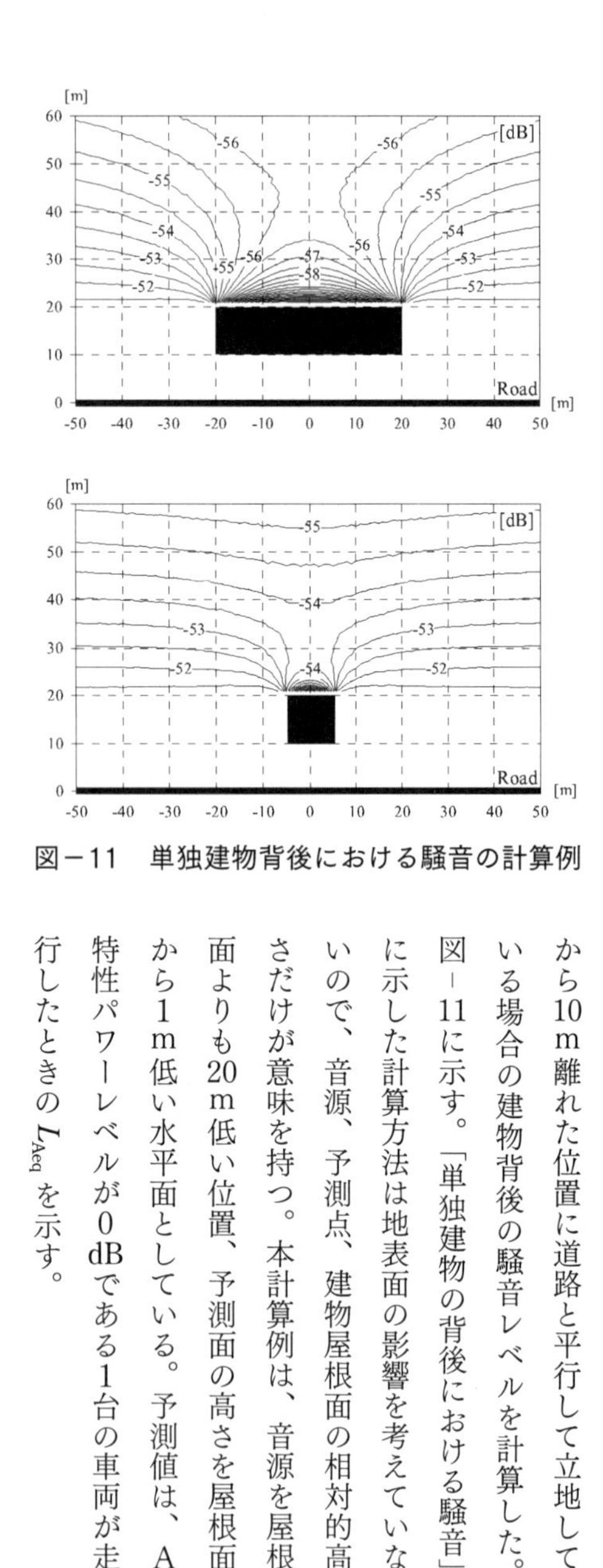

図－11　単独建物背後における騒音の計算例

建物群背後の騒音の計算例（線音源モデル）（参考文献13）

直線の平面道路に隣接した100m×60mの地域に、標準的な戸建て住宅程度の大きさの建物がランダムに立地している3つの住宅地（U1、U2、V）について、地域内の騒音レベル分布を計算した（図－12）。住宅の大きさは、平面が（9m±1m）×（9m±1m）、高さが7mの直方体でモデル化し、予測対象地域内に様々な大きさの戸建て住宅がランダムに配置している場合（U1、U2）と地域内の道路近接部分に空地がある場合（V）を設定した。ここで、住宅平面の大きさの（9m±1m）という表記は、平均9m、標準偏差1mの乱数で生成した寸法を

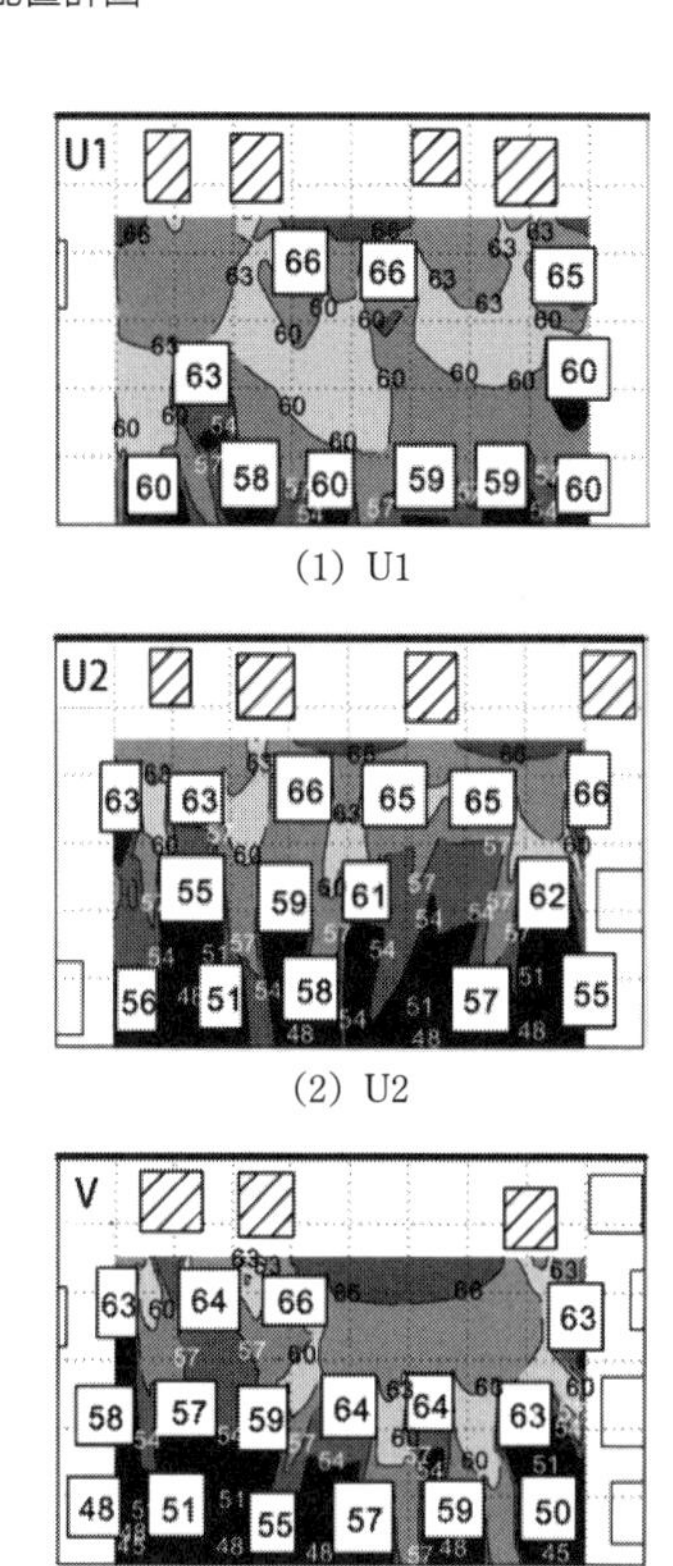

(1) U1

(2) U2

(3) V

図－12　線音源モデルによる建物群背後における騒音の計算例

示している。すなわち、住宅地内に立地する戸建て住宅の大きさは住戸ごとに異なり、位置もランダムに配置している。道路は、小型車類の車両が50 km/hで定常走行する1車線で、交通量は６０００台／hと想定した。

建物群背後の騒音の計算例（点音源モデル）（参考文献10）

点音源モデルに基づく計算式（式（20）、（21）、（22））を用いて、曲線道路沿道に戸建て住宅群が立地している地域の騒音レベル L_{Aeq} を求めた例を図－13に示す。交通条件は、小型車類が速度50 km/hで定常走行している交通量６０００台／hの1車線道路を想定し、評価区間は、予測計算式の適用範囲から大きく逸脱しないよう、道路からの距離を15 m～60 mとしている。ただし、本図に示す騒音レベル L_{Aeq} は、予測点から最短距離にある道路上の点を中心にして、予測点からの見通し角度が $2/3\pi$ の範囲にある離散音源からの寄与だけを計算（近似計算）したものである点を留意されたい。

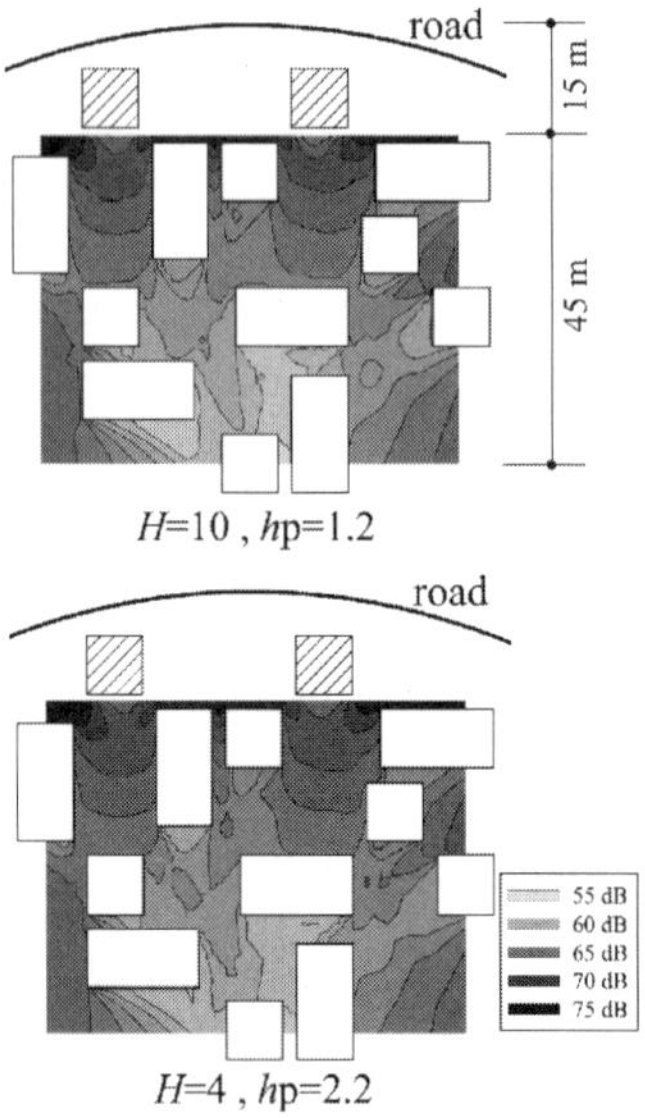

road
15 m
45 m
H=10 , hp=1.2
road
55 dB
60 dB
65 dB
70 dB
75 dB
H=4 , hp=2.2

図－13　点音源モデルによる建物群背後における騒音の計算例

道路交通騒音に配慮した沿道の建物配置計画に向けて

前節に示した計算例のように、沿道の建物配置を工夫することで建物背後に道路からの騒音の影響が小さい地域を確保できる可能性がある。建物群をどのように配置すれば建物背後の騒音をどの程度低減できるかは、道路形状、交通データ、建物の形状と大きさなどによって異なるため、本章で示した建物（群）による道路交通騒音の低減量の予測計算法を用いて個別に検討する必要がある。ただし、単独建物の場合にはある程度大きな（道路と平行に長い）建物が必要となり、また住宅のようなそれほど大きくない建物の場合は道路から1列目の建物背後では十分な騒音低減は見込めない。本章で示唆した騒音に対するバッファーとなる建物配置による道路交通騒音対策は、「まえがき」に示した様々な騒音対策と組み合わせて用いることが望まれる。

◎参考文献

1　環境庁「今後の自動車騒音対策の取組方針」（平成21年6月）（http://www.env.go.jp/press/files/jp/13831.pdf）
2　環境庁「今後の自動車騒音対策の取組方針について」（平成21年6月）（http://www.env.go.jp/press/files/jp/13832.pdf）
3　前川純一ほか（著）：建築・環境音響学 第2版、p.145, 共立出版（2000.9）
4　日本音響学会道路交通騒音調査研究委員会：道路交通騒音の予測モデル“ASJ RTN-Model 2013”, 日本音響学会誌、70,pp.172-230（2014.4）
5　上坂克巳、大西博文、三宅龍雄、高木興一：幹線道路に面した単独建物後方の騒音レベルの計算方法、騒音制御、23, pp.189-199（1999.6）
6　上坂克巳、大西博文、三宅龍雄、高木興一：道路に直面した単独建物および建物列後方における等価騒音レベルの簡易計算方法、騒音制御、23, pp.430-440（1999.12）
7　藤本一壽、山口晃治、中西敏郎、穴井謙：平面道路に面する地域における戸建て住宅群による道路交通騒音減衰量の予測法、日本音響学会誌、63, pp.309-317（2007.6）
8　山口晃治、藤本一寿、穴井謙、平栗靖浩：盛土道路に面する地域における戸建て住宅群による道路交通騒音減衰量の予測法、騒音制御、33, pp.153-161（2009.4）
9　藤本一寿、辻京祐、冨永亨：平面道路に面する地域における戸建て住宅群による道路交通騒音減衰量の予測法――点音源モデルの予測式――、日本音響学会騒音・振動研究会資料、N-2013-7（2013.3）
10　冨永亨、森田建吾、藤本一寿：平面道路に面する地域における戸建て住宅群による道路交通騒音減衰量の予測法――建物高さと受音点高さを考慮した予測式――、日本音響学会騒音・振動研究会資料、N-2014-9（2014.2）
11　Kazutoshi Fujimoto, Kyosuke Tsuji, Toru Tominaga, Kengo Morita: Prediction of insertion loss of detached houses against road traffic noise using a point sound source model, Acoustical Science and Technology, 36（2015.3）（印刷中）

12　藤本一寿、穴井謙、礒谷賢志、関藤大樹：戸建て住宅群による道路交通騒音の減衰――切妻屋根および高さが異なる住宅群への適用――、日本音響学会騒音・振動研究会資料、N-2003-64（2003.10）
13　藤本一寿、平栗靖浩：建物群背後の道路交通騒音予測法に関する考察、日本騒音制御工学会研究発表会講演論文集２００８年、pp.97-100（2008.9）

第9章

建築空調設備のコミッショニング

住吉　大輔

国連の気候変動に関する政府間パネル（IPCC）のAR5統合評価報告書によると『近年の人為起源の温室効果ガスの排出量は史上最高となっており、気候システムの温暖化には疑う余地がない』と報告されている。2009年にイタリアのラクイラで開催されたサミットでは、世界全体の温室効果ガス排出量を2050年までに少なくとも50％削減するとの目標を再確認するとともに、先進国全体では、2050年までに80％又はそれ以上を削減するとの目標を支持するとされた。日本も2050年までに80％またはそれ以上の削減を実現することが国際的に求められる。

近年の日本における二酸化炭素排出量の推移を図1に示す。リーマンショックによる経済不況によって2007年度以降に一旦削減されているものの、2009年度以降増加基調にあった。さらに2011年3月に発生した東日本大震災に起因する福島第一原子力発電所での事故を受けた全国的な原子力発電所の稼働停止により、2012年度には2007年度と同等のレベルまで二酸化炭素排出量は増加している。現時点ではまだ集計結果が発表されていないものの2013年度の二酸化炭素排出量は2012年度を上回ることが確実視されている。国際的な温室効果ガス排出量削減の要請はますます強まる一方であり、今後ますます取り組みを強化していくことが求められている。

建築に関わるエネルギー消費量は、建設と運用をあわせて、わが国全体の35％にのぼる（図2）。なかでも、空調システムの年間エネルギー消費量は、建物で必要なエネルギー消費量の約半分であり、建築のライフサイクル（企画・設計段階から運用・保守段階を経て最終的に廃棄されるまでの建築の生涯）のコストにおいては、竣工後の運用・保守段階の高熱水費や保全費が約80％を占める。空調システムのエネルギー消費は電力・ガス・

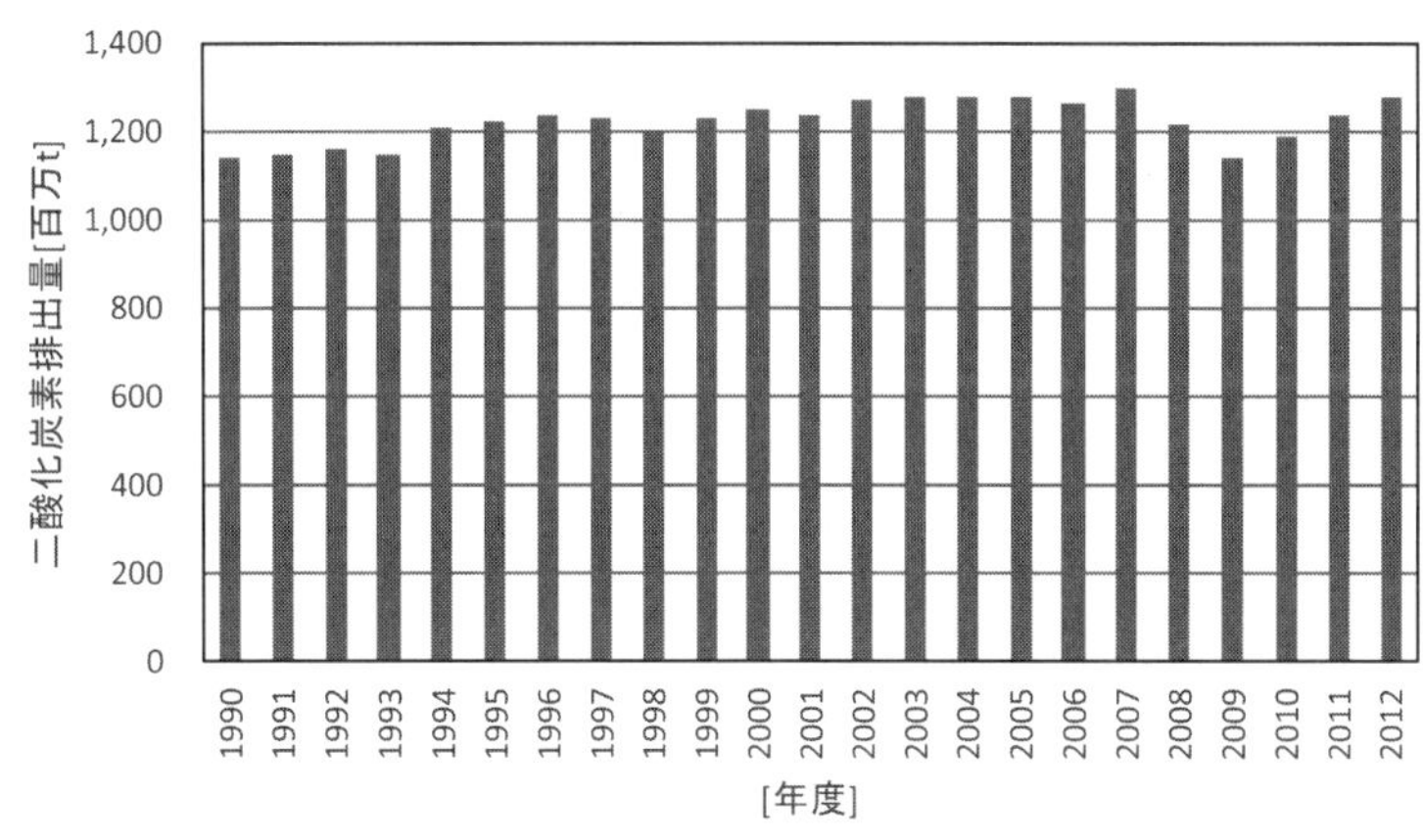

図1　日本の二酸化炭素排出量の推移

油等の消費であり、再生可能エネルギーの普及が十分でない現状においては地球温暖化の温室効果ガスである二酸化炭素の排出に直結する。国際的な趨勢を考えれば、膨大な建築ストックの運用段階の省エネルギーはまさしく喫緊の課題である。

こうした背景の中、空調分野ではコミッショニング（性能検証）という概念が注目されている。コミッショニングは導入時期、方法などにより当初（Initial）、再（Re）、復（Retro）、継続（On-going）コミッショニングなどに分かれる。特に運用段階のエネルギー消費に大きく関わる継続（On-going）コミッショニングは、我が国の膨大な建築ストックにおける省エネルギーに欠かせないものである。なお、コミッショニングに関する情報はNPO法人建築設備コミッショニング協会のウェブサイトhttp://www.bsca.or.jp/ を参照して頂きたい。

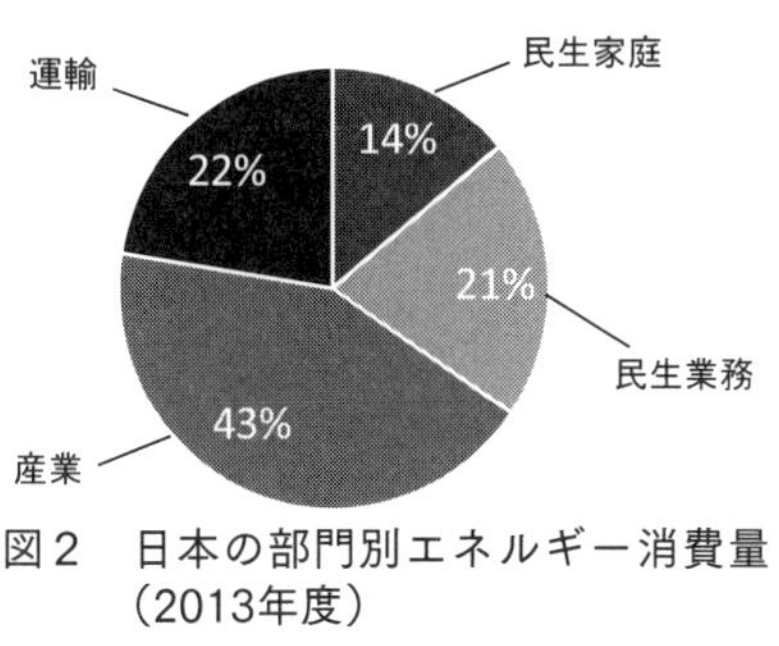

図2　日本の部門別エネルギー消費量（2013年度）

図3に空調システムの運用段階におけるコミッショニングの役割を表す概念図を示す。一般に、空調システムは機器の劣化や不具合等の影響により、時とともに性能が低下していく。継続コミッショニングは、この性能低下を最小限に抑えることを目的としたものである。継続コミッショニングは大きく二つに分けることができる。一つは、フォルト検知・診断である。フォルト検知・診断は、空調システムの不具合を発見、改善して性能低下を抑えるものである（図3①）。もう一つは、空調システム運用の最適化である。運用の最適化は、システムをエネルギー消費量やコスト等の観点から最も良いと思われる運転状態に保つことを目的としている（図3②）。空調システムを長期にわたって使用していくと、設計時には想定していなかったような建物用途の変更や機器の増減による内部発熱の大幅な変化、機器の劣化等が発生する。その際に、状況に応じた設定変更が実施されることは稀であり、多くの場合、設定不全を抱えたまま運転が継続される。こうした状況を改善するため、時々刻々と変化する状況に応じた最適な運転状態を、空調システムシミュレーション等を用いて実現することが運用の最適化である。

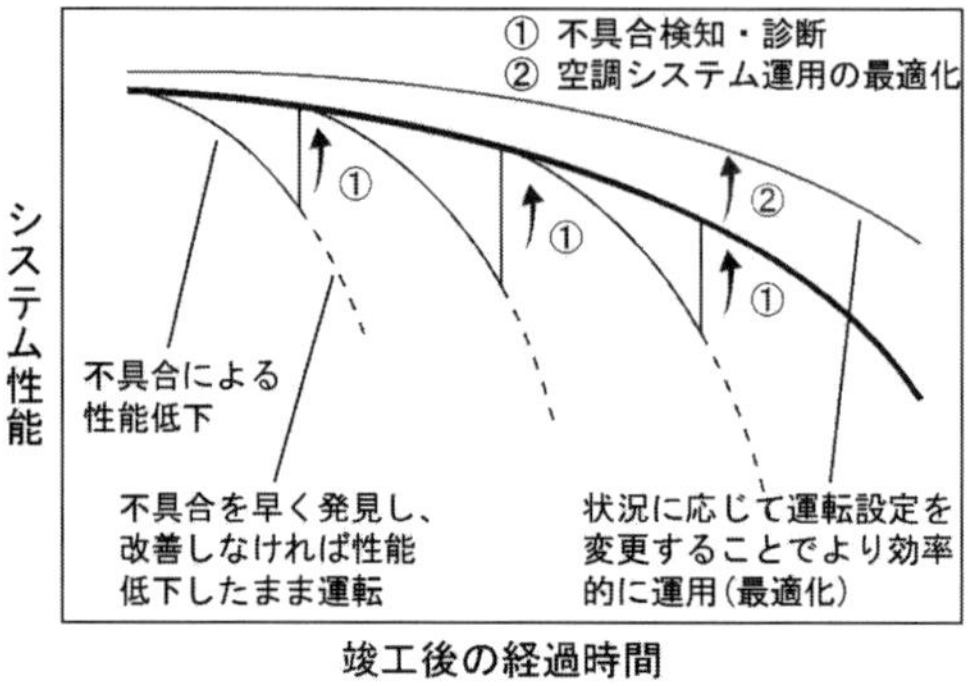

これら二つを既存の空調システムにおいて実現することができれば、膨大な建築ストックの中で日々発生しているエネルギーの浪費を防ぎ、効率的なエネルギー運用を実現することができるようになり、我が国における二酸化炭素排出量削減の切り札となる。ここでは、建築空調設備

図3　コミッショニングの役割に関する概念図

のコミッショニングに関する研究として、「空調システム運用の最適化ツールに関する研究」および「シミュレーションを用いた不具合検知手法の開発」について最新の取り組みを紹介する。

空調システム運用の最適化ツールに関する研究

研究の背景・目的

多くの建物空調システムでは、季節を通して同一の設定値（吹き出し温度や出口温度、圧力など）を用いるのが通例であるが、時々刻々と変化する外気温度や日射、熱負荷の状況に合わせて、その時々で最適な設定値を選択する「空調システム運用の最適化」を実施すれば省エネルギーを実現することが可能である。また、空調システムを構成する機器は使用していく中で日々劣化していき、実際には設計時に想定した性能を発揮できていないことが見受けられる。劣化の状況を日々把握することは、修理・交換・オーバーホール（部品をばらして清掃等を行うメンテナンス）の適切なタイミングを見極め、夏期や冬期の能力不足に起因するクレームや年間を通したエネルギーの浪費を未然に防ぐことに繋がる。

空調システム運用の最適化や劣化診断は、ごく一部の先進的な建物では高度な制御装置とシミュレーションモデルをベースとする計算システムを組み合わせることによって導入されているが、シミュレーションモデルをベースとするツールは個々の建物の状況（特にどのような構成の空調システムとなっているか）に合わせてシミュレーションの入力データを設定・チューニングする必要があり、大変な手間がかかる。
開発したツールは、対象とする空調システムを絞り込むことで、シミュレーションをベースとしながらも入力を簡単にし、最適化や劣化診断の技術をより多くの建物で使用できるようにするものである。簡単な工事によって既存空調システムに導入でき、最適設定値を一定周期で書き換えていくツールとなっている。

ツールの機能

本ツールの構成を図4に示す。本ツールは、空調システムで測定されているデータを取得し、それに基づいて最適化計算を行い、最適設定値を返すものである。また同時に、一日一回機器性能のパラメータを同定し、パラメータの変化によって劣化状況を判定する機能を備えている。

最適化の実施間隔は10分~60分の中で、ユーザーが選択することができる。空調システムから現在の負荷や外界気象などのデータを収集し、その状況が今後も継続するものと仮定し、状況に適した最適設定値をファイルに出力する。あらかじめ与えた設定値候補から最もエネルギー消費量が小さくなる設定値が選択される。

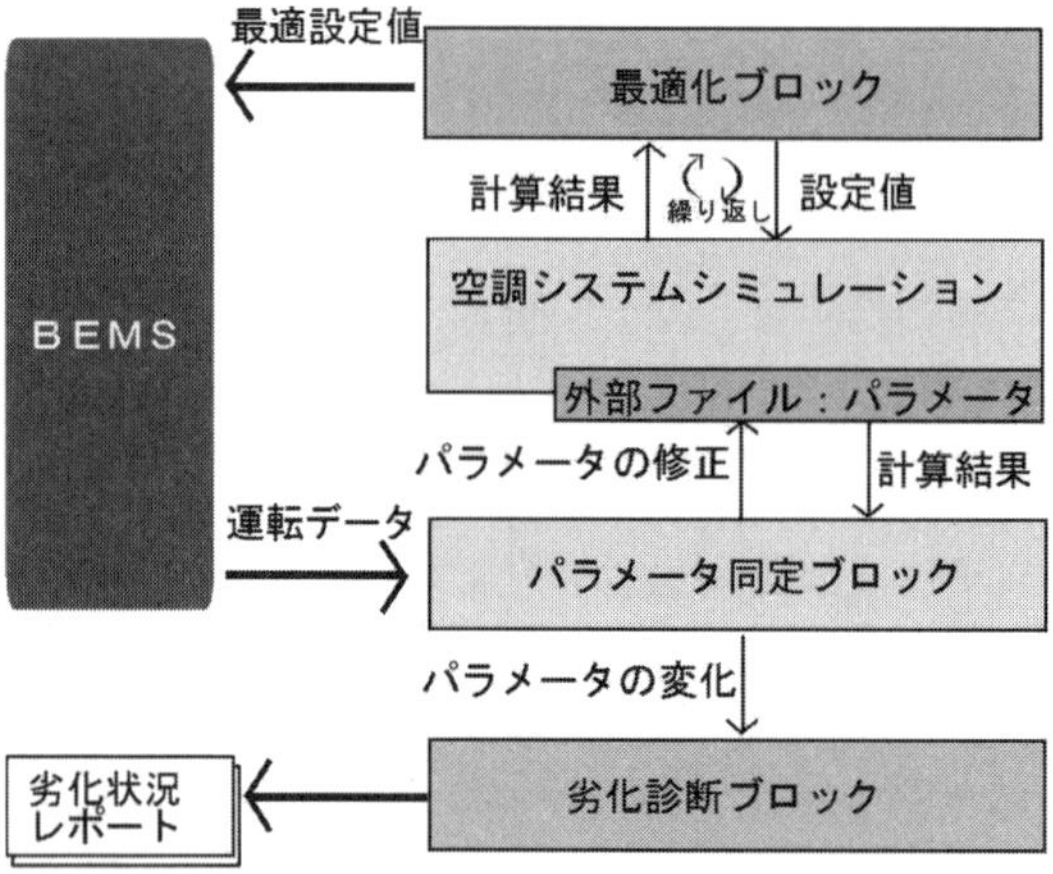

図４　最適化ツールの構成

劣化診断機能は、性能補正パラメータの同定により実現される。性能補正パラメータとは、機器の正常な運転状態を1とし、正常な運転状態で発揮できる能力に対し、劣化によりエネルギー消費量が増えた場合にその増加率を表す数値となっている。例えばポンプのエネルギー消費量が劣化により10％増加している場合には、ポンプの性能を表すパラメータは1・1となる。過去二週間の実測値と計算値より、パラメータを同定する。同定されたパラメータの変化は機器の効率の変化を表すことになり、劣化状況を見える化することができる。

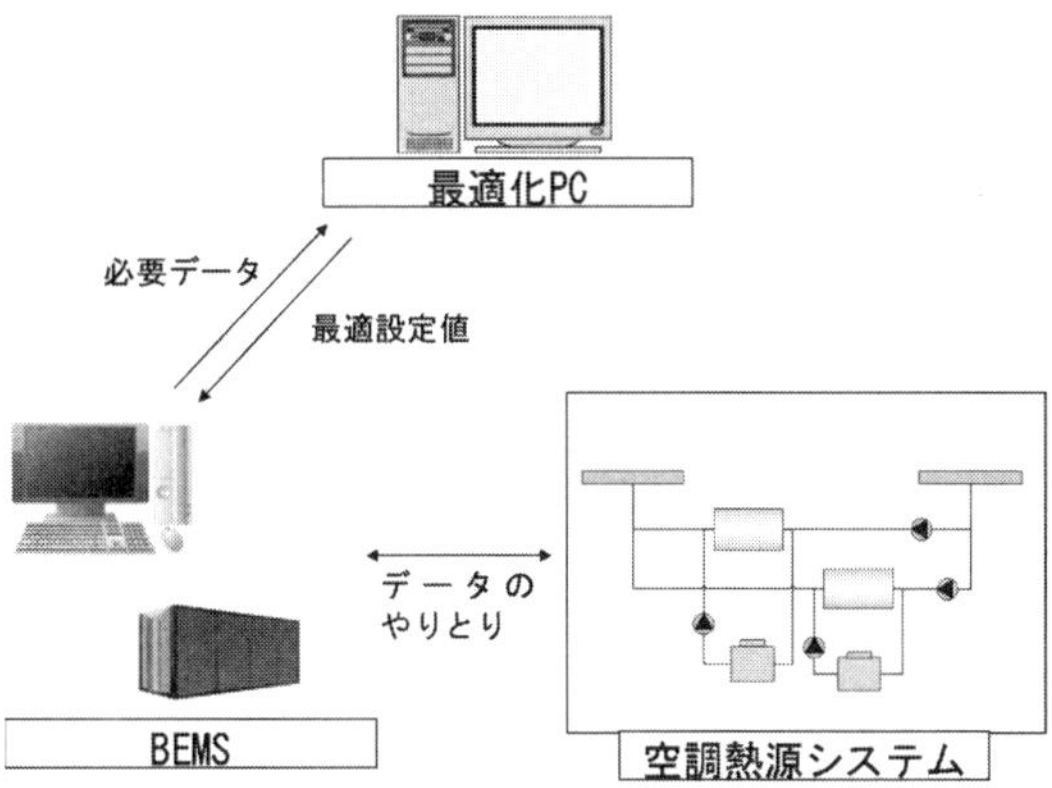

セッティング

本ツールは空調システムの中央監視・計測装置（BEMS：Building Energy Management System）の横に計算用のパソコンを設置して、そのパソコンに導入する（図5）。BEMSとの間でファイルをやりとりする必要があり、BEMSからパソコンへのデータの書き出しとパソコン内のファイルから設定値を読込み、空調システムに反映させる機構を用意する必要がある。

最適化PC
必要データ
最適設定値
データのやりとり
BEMS
空調熱源システム

図5　最適化ツールの導入

ツールの効果

ツールの効果を検証するため、京都にある学校施設の空調システムに本ツールを導入し、二年に亘る実測調査を実施した。実測結果として負荷と一次エネルギー消費量の関係を図6に示す。実測結果が黒の×（①）である。グレーの△（②）は本ツールによる計算結果であり、最適化した場合のエネルギー消費量の予測値を示している。これらはほぼ同程度のところにプロットがあり、本ツールのシミュレーションが高い精度で実測値を捉えられていることが確認できる。グレーの□（③）は、最適化を行わず標準的な設定値で運転したと仮定した場合の計算結果を表している。グレーの□は他の二つに比べてエネルギー消費量が大きくなっており、特に負荷が大きい時に本ツールが効果的であることが分かる。

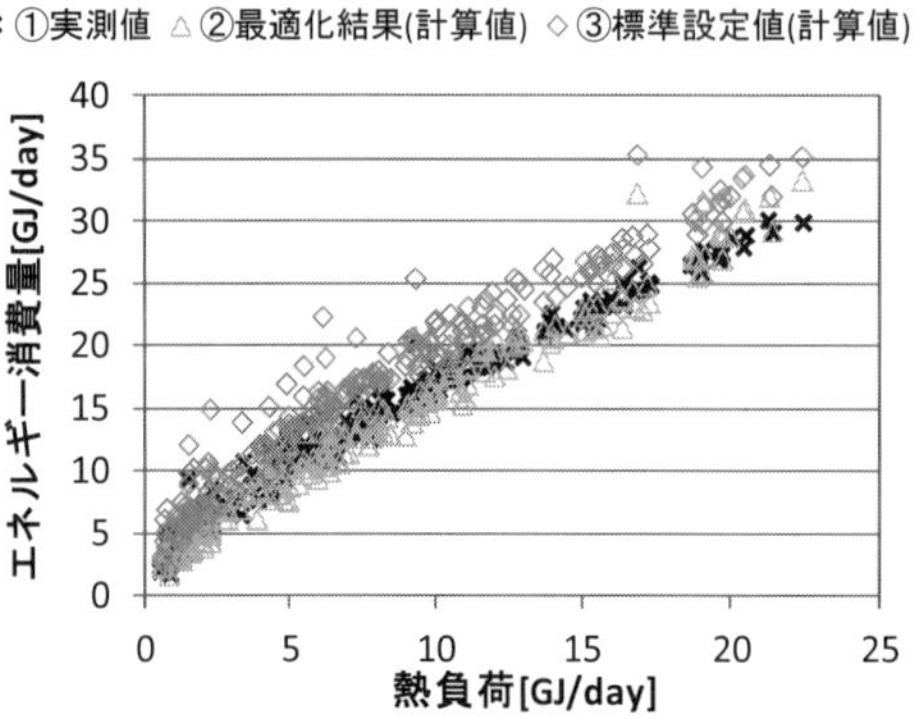
× ①実測値 △ ②最適化結果(計算値) ◇ ③標準設定値(計算値)
エネルギー消費量[GJ/day]
熱負荷[GJ/day]
0
5
10
15
20
25
30
35
40
図6　熱負荷とエネルギー消費量の関係

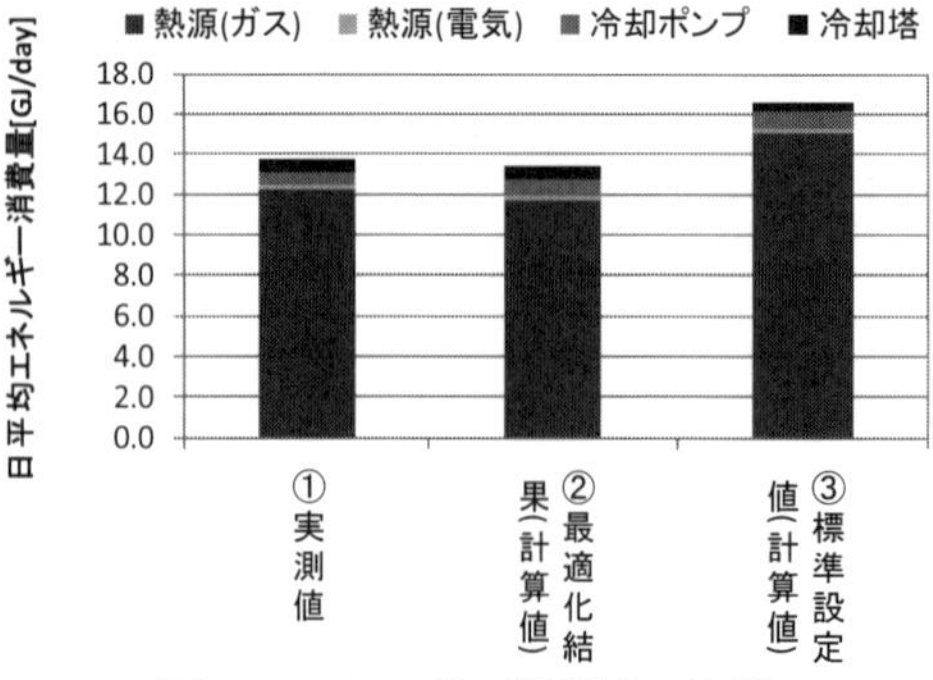
■ 熱源(ガス) ■ 熱源(電気) ■ 冷却ポンプ ■ 冷却塔
日平均エネルギー消費量[GJ/day]
0.0
2.0
4.0
6.0
8.0
10.0
12.0
14.0
16.0
18.0
①実測値
②最適化結果(計算値)
③標準設定値(計算値)
図7　エネルギー消費量の比較

図7にエネルギー消費量の積算値の比較を示す。ツールにより2年間の積算で18・5％の省エネルギー効果が得られる結果であった。またこれによるコスト削減効果は154万円であった。空調用エネルギー消費量は大きいため、これを削減することはランニングコストの削減というメリットにも繋がり、一石二鳥である。

図８に劣化診断機能の出力結果である熱源機器と冷却水ポンプのパラメータの変化を示す。熱源機器は運転時間一時間当たり平均０・００５％、冷却水ポンプは平均０・０００７％エネルギー効率が低下していることが確認された。パラメータが大きく増加していないことから今のところ不具合は発生していないものと考えられる。このように、本ツールを用いることで各機械がどの程度効率低下しているかを把握することができ、機器の更新やメンテナンスを計画的に実施することにも繋げることができる。

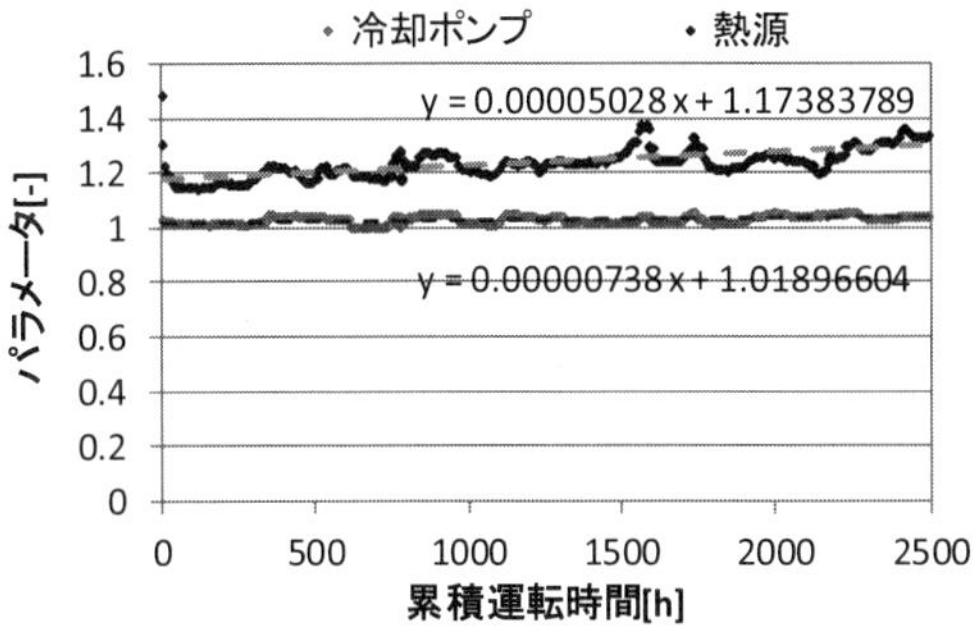

冷却ポンプ　熱源
y = 0.00005028 x + 1.17383789
y = 0.00000738 x + 1.01896604
パラメータ[-]
累積運転時間[h]

図８　熱源機器と冷却ポンプのパラメータの変化

シミュレーションを用いた不具合検知手法の開発

研究の背景・目的

多くの空調システムは何かしらの不具合を抱えながら運転していると言われている。これは、空調システムが室内を冷やす、または暖めるという目的で使用されるものであり、機器に何かしらの不具合を抱えて例えエネルギーをロスしていたとしても、室内が設定温度を実現できていればクレーム等が発生しないため、表面化しないことが一つの要因である。また、適切な運転管理のためには、深い専門知識を有した管理者が常駐で管理を行う必要があるが、現状では費用と人材の面で難しいことも要因となっている。この表面化しない不具合によるエネルギーロスを見つけ出し、適切な運転や修理を実施していけば、既存の空調システムのエネルギー消費量を大幅に削減することが期待できる。

そこで、本研究ではシミュレーションを用いて、省労力で効果的な不具合検知技術を開発することを目的としている。具体的には、実測値を入力して得たシミュレーションの結果を、実測データと照らし合わせることで不具合検知を行うものである。また本研究で開発する不具合検知手法と従来の不具合検知手法との違いとしてセンサ誤差の検出が挙げられる。センサは使用していくうちに徐々に誤差が蓄積されている場合があり、従来の不具合検知手法ではセンサ誤差と機器の不具合とを切り分けていないものがほとんどであった。そこで本研究では、センサ誤差も検出できる手法の開発を目指している。ここでは、産業用熱源施設を対象に入力値の異なる「機器単体のシミュレーションモデル」と「システム全体のシミュレーションモデル」を用いた不具合検知手法及び実測値の比較による不具合検知手法について紹介する。

不具合検知手法の概要

対象システムは宮城県にある産業用施設である。対象システムは年間365日24時間稼動している。本研究では二種類のシミュレーションモデルを用いる。一つは単体モデルである。単体モデルとはある一つの機器の動きを再現するもので、空調システムシミュレーションの基本パーツとなるものである。もう一つは全体モデルである。これは空調システム全体をシミュレートするもので、単体モデルを組み合わせ、さらに制御ロジックを組み合わせたものである。図9に単体モデルと全体モデルの概要を示す。図に示すとおりこれら二つのモデルでは入

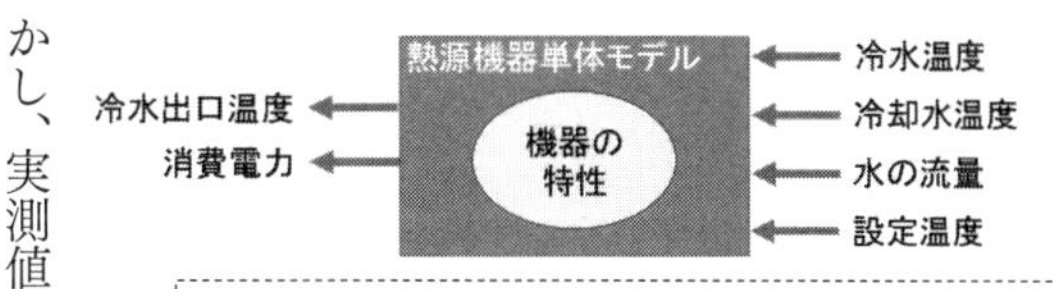

＜単体モデルの特徴＞
単体モデルでは、機器に入る水の温度や流量が入力値となり、機器から出てくる水の温度やエネルギー消費量が出力値となる。

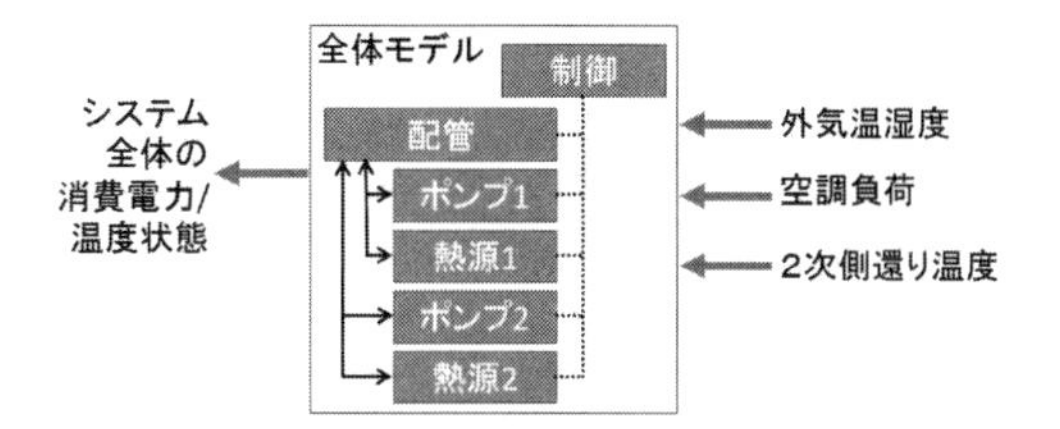

＜全体モデルの特徴＞
全体モデルは、単体モデルの組み合わせでできている。外気温度やシステムが処理しなければならない熱負荷が入力となり、各機器での温度状態や消費電力などが出力値となる。

＜単体モデルと全体モデルの違い＞
入力値と出力値に違いがある。単体モデルでは機器の直近の温度や流量などが入力となるが、全体モデルでは熱負荷のみを入力値としており、各機器の温度状態などは全て出力値となる。

図9　単体モデルと全体モデルの概要

力値と出力値に違いがある。ここで提案する不具合検知手法はこれらの違いを利用するものである。もし仮にシミュレーションが実態を完全に再現できるとすると、実測値・単体モデル・全体モデルの計算結果は完全に一致するはずである。これはシミュレーションモデルが〝正常〟に運転する空調システムを再現していることを表している。しかし、実測値と残り二つのシミュレーション結果に乖離が見られれば、〝正常〟な運転を再現しているシミュレーションモデルと実測値とが一致していないことになり、そこには何らかの不具合があることになる。これが本研究における不具合検知の核になる部分である。

　次に不具合の場所を特定するのに、単体モデルと全体モデルの比較が役に立つ。例えば熱源機器のエネルギー消費量について二つの計算結果が一致していて実測値とは一致しないとすると、熱源機器の効率が低下している不具合が考えられる。これは〝正常〟な運転を再現している二つのシミュレーションモデルは一致しており、実測値とは消費電力が異なることから、熱源機器の中に問題があると特定できるのである。例えば、熱源機器から出てくる水の温度が実測値と全体モデルの計算結果では一致していて、単体モデルの計算結果だけずれていた場合、熱源機器の入口温度のセンサに誤差がある可能性がある。全体モデルと実測値が一致していることから機器は正常に運転できていると判断できる。しかし、単体モデルの計算結果と実測値が一致していないため、単体モデルが正しく計算できていないと考えられる。シミュレーションでは常に正常な状態を再現するため正しく計算できないとすれば、理由は入力値が正しくないことしか考えられない。したがって、単体モデルの入力値である熱源機器の入口温度が間違っていることになる。単体モデルの入力値には熱源機器の入口温度の実測値を使うため、このセンサが正しくないことを表すことになる。このようにして、不具合のある場所を特定する。

シミュレーションモデルの精度

本研究で用いるシミュレーションモデルには高い精度で実際のシステムを再現できることが求められる。熱源機器消費電力の実測値と単体モデルの計算結果の比較を図10に示す。一部でやや乖離も見られるが熱源機器単体モデルは実測値をよく捉えている。

次に、全体モデルの計算結果と実測値の比較を表1に示す。また、冷凍機消費電力の検証結果を図11に示す。全般的に高い精度で実システムの動きを再現できていることが確認できる。

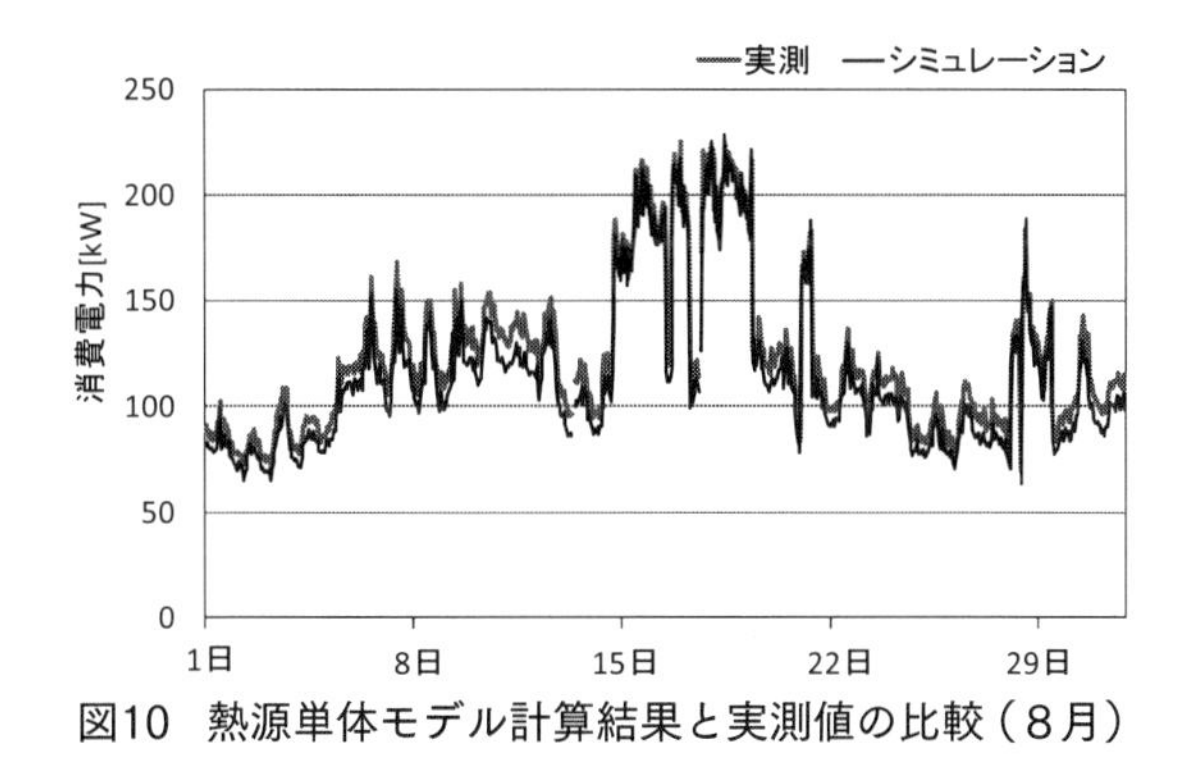

図10　熱源単体モデル計算結果と実測値の比較（８月）

表１　全体モデルの計算精度

熱源1周り	冷水入口温度	冷水出口温度	冷却水入口温度	冷却水出口温度	冷水流量	冷却水流量	処理熱量	消費電力
[-]	[℃]	[℃]	[℃]	[℃]	[m³/h]	[m³/h]	[kW]	[kW]
実測値	14.2	7.2	19.3	23.1	103	256	863	87.5
sim結果	14.3	7.2	18.8	22.5	102	218	868	82.4
熱源2周り	冷水入口温度	冷水出口温度	冷却水入口温度	冷却水出口温度	冷水流量	冷却水流量	処理熱量	消費電力
[-]	[℃]	[℃]	[℃]	[℃]	[m³/h]	[m³/h]	[kW]	[kW]
実測値	13.6	7.6	16.8	20.1	100	233	696	62.0
sim結果	14.3	7.2	16.0	19.4	94	186	688	55.0

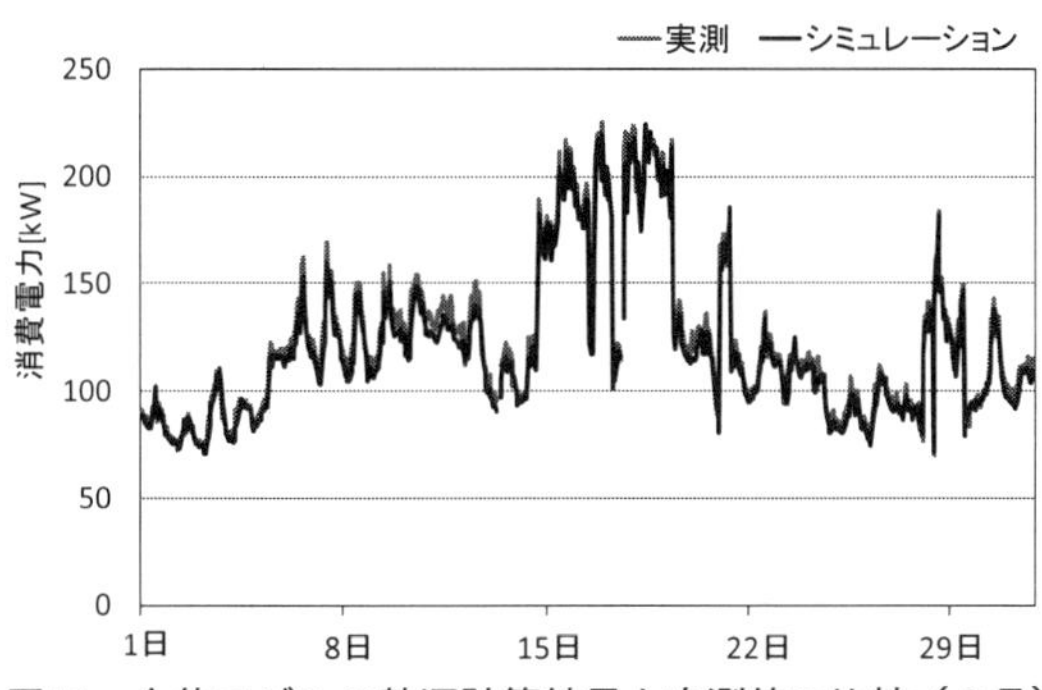

図11　全体モデルの熱源計算結果と実測値の比較（８月）

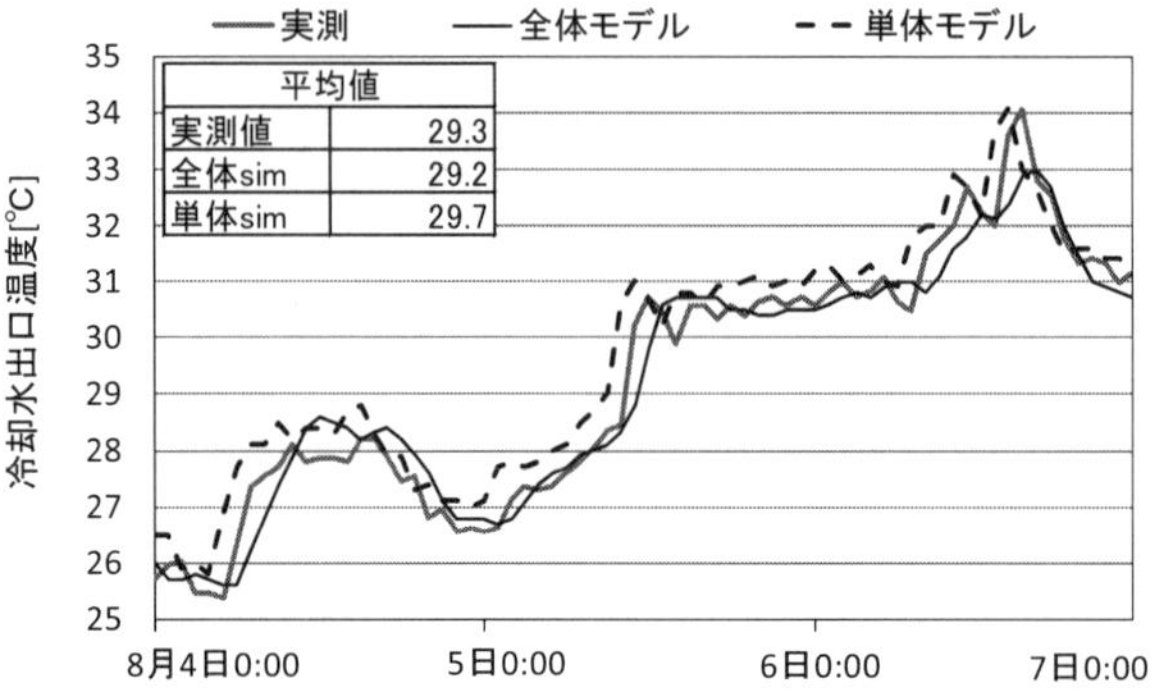

図12　冷却水入口温度センサ不具合時の冷却水出口温度の比較

不具合検知のケーススタディ

ここでは、冷凍機冷却水入口温度センサに測定誤差が生じたケースを想定して検討を行う。冷却水入口温度を常に＋1℃した実測値を作成し、それを用いて全体モデルと冷凍機単体モデルのシミュレーションを行った。冷却水入口温度は冷凍機単体モデルの入力値であるが、全体モデルの入力値ではないため、単体モデルの結果のみに影響が出るものと考えられる。ここで、冷却水出口温度の実測値と2種類のシミュレーション結果の比較を図12に示す。全般的に単体モデルの値が他の二つに比べて高いことが分かる。ただし、平均的には0・5℃程度の上昇に留まっており、これをどう統計的に解析して不具合として検出するかが今後の課題である。

まとめ

ここで紹介した研究は、実用段階へとさしかかりつつある技術である。日本中のほぼすべての建物には空調システムが導入されており、それらのほとんどは専門的な知識を持った管理者がいない中で運用されている。空調システムにおけるエネルギー消費量の削減余地は非常に大きいと言える。こうしたシステムに本研究の成果を適用するにはデータの取得、シミュレーションプログラムのセッティングなど多くの課題が残り、高度な技術者による導入支援と管理の手間を少なくする自動化が欠かせない。設計段階からコミッショニング（性能検証）を行い、その過程の中でこうしたシステムを導入すること、導入後に実際のシステムの運転結果に合わせて自動的にシミュレーションが行えるようにすることなどが必要であり、今後はこうした技術の開発に取り組んで行きたい。

◎参考文献

外務省ＨＰ　Ｇ８ラクイラ・サミット　http://www.mofa.go.jp/mofaj/gaiko/summit/italy09/sum_gai.html
環境省ＨＰ　気候変動に関する政府間パネル（ＩＰＣＣ）第５次評価報告書（ＡＲ５）について　http://www.env.go.jp/earth/ipcc/5th/
独立行政法人国立環境研究所ＨＰ　温室効果ガスインベントリオフィス　http://www-gio.nies.go.jp/aboutghg/nir/nir-j.html
資源エネルギー庁ＨＰ　総合エネルギー統計　http://www.enecho.meti.go.jp/statistics/total_energy/results.html#headline1

第10章 ワークショップによる実践教育

藍谷 鋼一郎

序

九州大学大学院人間環境学研究院都市・建築学部門の大学院ＧＰ「アジア都市問題を解くハビタット工学教育」では、２００８年から国際的教育への取り組みの一つとして、設計教育における異分野・多国籍の協働作業に取り組み、アジアの主要大学と連携した短期集中型のシャレット・ワークショップを国内外で開催し、学生の国際力・実践力・鳥瞰力の向上を目指している。

サステナブル・デザイン・キャンプと名付けられたワークショップでは計画系・環境系・構造系など異分野を専攻する学生による学際的・国際的な混成チームを編成し、持続可能なまちづくり、環境共生型の低炭素社会の実現、建物などインフラ設備の長寿命化、災害に備えたレジリエンスな都市や建築のデザインの提案を行う。異なる系の学生に共通するプラットフォームを構築するためＣＡＳＢＥＥ（建築物総合環境性能評価システム）やＳＰｅＡＲ（ＡＲＵＰ社開発の環境評価ツール）を導入し客観的な環境評価も行っている。直近では、都市再生における将来ビジョンをより明確にするためＳＷＯＴ分析を取り入れ、その地区の Strength（強み）、Weakness（弱み）、Opportunity（機会）、Thread（脅威）について分析した。

また２０１１年からは、九州大学全学対象とする東アジア環境研究機構「東アジア環境ストラテジスト育成プログラム」による東アジア環境プロジェクト演習との共催を推進している。当プログラムは、持続可能な未来環境の創成を目指し東アジアの深刻化する環境問題を実践的に解決するストラテジスト育成を目指している。

ここでいう東アジアの環境問題とは、例えば、急激な経済成長による自動車・工場・発電所からでる排出ガスによる大気汚染問題、工場および住宅からの廃棄物による河川・土壌汚染問題、エネルギーおよび農業用水の需要増大に伴うダム建設による河川・海洋の環境変化や汚染拡大、食料需要の増大に伴う農地の拡大による国土の砂漠化問題などで、２つのプログラムの連携により、環境・都市・インフラ・建築という地球環境規模のグローバルな視点により解決策を導き出すことが可能になった。

ワークショップの対象と方法

ワークショップの対象

本章では、筆者が指導者として関わった合計15回のワークショップ（計８回の国内外でのサステナブル・デザイン・キャンプ（旧：リサーチキャンプ）と東アジア環境プロジェクト演習と協同で実施した計４回の国外でのサステナブル・デザイン・キャンプ、および、計３回の（社）日本建築学会まちづくり支援建築会議・同学会都市計画委員会主催によるＡＩＪ国際建築都市デザインワークショップ）を対象に実践教育のありかたについて分析する。（表1、図1）

表1　実践型ワークショップの開催状況

サステナブル・デザイン・キャンプ（旧リサーチ・キャンプ）および東アジア環境プロジェクト演習

開催年	開催地（国）	パートナー校	開催期間（日数）	テーマ	参加者（パートナー校） 教職員	学生
2009	上海（中国）	同済大学	2009.3.12-3.18（7日間）	上海郊外の水郷都市・金沢鎮のサステナブル・デザイン	9 (6)	10 (10)
2009	福岡（日本）	明治大学（教員）	2009.9.7-9.10（4日間）	明治通りプロジェクト―公響空間―	6 (1)	18 (-)
2009	ジョグジャカルタ（インドネシア）	ガジャマダ大学	2009.9.28-10.2（6日間）	マリオボロ地区のコミュニティ・デザインとコダゲデ区の伝統的建築保全と震災復興計画	7 (14)	10 (24)
2010	福岡（日本）	明治大学（教員）	2010.9.12-9.16（5日間）	福岡市再開発―都市のTSUBO―	12 (1)	10 (-)
2010	香港（中国）	香港大学 RMJM	2010.9.26-10.1（6日間）	油麻地フルーツ・マーケット地区のサステナブル・デザイン	8 (7)	10 (11)
2011	福岡（日本）	東京大学（教員）	2011.8.5-10（6日間）	九州大学箱崎キャンパスの跡地計画	8 (1)	14 (-)
2011 (RIEAE)	コロンボ（スリランカ）	モラツワ大学	2011.8.28-9.3（7日間）	コロンボ都市開発のエンジンとなる「ワナサムラ地区」の再生	12 (21)	14 (17)
2012	福岡（日本）	中国文化大学（台湾） Virginia Tech、ARUP 持続都市建築システム「産学官連携コンソーシアム」	2012.9.3-10（8日間）	コンパクト・シティの最先端モデル都市「福岡」をめざして	8 (6)	15 (14)
2012 (RIEAE)	ホーチミン（ヴェトナム）	ヴァンラン大学、ホーチミン工科大学、ホーチミン建築大学 中国文化大学（台湾）、ARUP	2012.9.17-24（8日間）	リサイクリック都市としてのホーチミン市の再生	11 (5)	20 (18)
2013 (RIEAE)	カトマンズ（ネパール）	トリブヴァン大学 中国文化大学（台湾） 国連ハビタット（ネパール事務所）	2013.7.27-8.4（9日間）	キルティプルの蘇生：豊かな暮らしのための自然の恵みと文化的景観の認識	9 (6)	18 (25)
2013	福岡（日本）	中国文化大学（台湾） 持続都市建築システム「産学官連携コンソーシアム」	2013.9.6-13（8日間）	小学校跡地活用を核とした地区のデザイン	6 (3)	13 (13)
2014 (RIEAE)	ダッカ（バングラデシュ）	BUET、Texas A&M、Virginia Tech、中国文化大学（台湾）	2014.8.17-23（7日間）	ブラウン・フィールド「ハザリバグ」の再生	9 (7)	17 (38)

(社)日本建築学会まちづくり支援建築会議・同学会都市計画委員会主催による国際建築都市デザインワークショップ

開催年	開催地（国）	参加国	開催期間（日数）	テーマ	参加者 教職員	学生
2010	唐津（佐賀県）	USA, Canda, Australia, UK, Germany, Italy, Portugal, Bosnia and Herzegovina, Chili, Brazil, Sudan, India, China, Korea, Japan (15 Countries)	2010.3.14-23（10日間）	「交・まじわり」が編み出す魅力ある唐津へのデザイン指針	9	42
2011	高梁（岡山）	US, Belgium, India, Singapore, Thai, China, Korea, Japan (8 Countries)	2011.3.13-22（10日間）	「自然に抱かれた新しい暮らしの息吹き：高梁」へのデザイン指針	9	40
2012	下北沢（東京都）	Germany, Slovakia, Chili, India, Indonesia, Singapore, China, Korea, Japan (9 Countries)	2012.7.21-29（9日間）	「織：街と緑を織込むデザイン」による世田谷スタイルのサステナブル・コミュニティへの指針	13	44

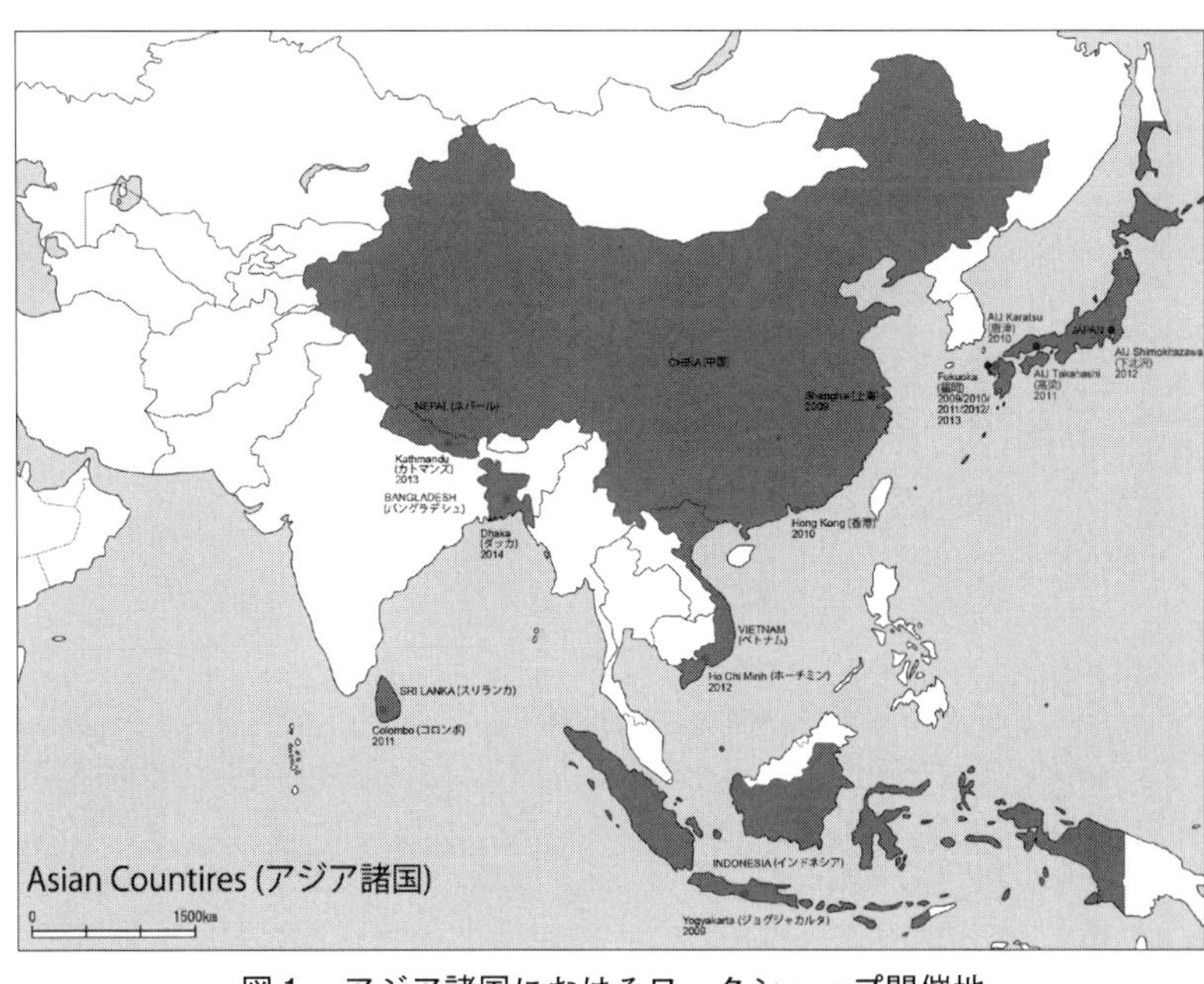

図１　アジア諸国におけるワークショップ開催地

⑴対象地の選定

本ワークショップでは、都市の持続化をテーマとするため、対象都市の選定に当たっては、社会的な背景、文化的な背景、気候・風土・民族の違いなどから発生する様々な環境問題・都市問題に対処し、多様な課題に対応するように注意を払っている。

サステナブル・デザイン・キャンプにおいては、第１回目（２００９年３月）は中国の巨大沸騰都市・上海の貧しい郊外地区・金沢鎮の運河を活かした都市再生、第２回目（２００９年９月）は福岡市の目抜き通り明治通り沿いの古くなった建物群の更新、第３回目（２００９年９月）は、インドネシアの古都ジョグジャカルタにおいてコミュニティ意識が希薄化するマリオボロ地区、そして震災により多大な被害を受けたコダゲデ地区の再生、第４回目（２０１０

年9月）は福岡市に設定した7つの都市ツボを起点とした都市開発、第5回目（２０１０年9月）は超高密度な人口問題を抱える九龍半島（香港）の油麻地にある老朽化したフルーツ・マーケット更新を契機としたエリア一帯の再開発、第6回目（２０１１年8月）は福岡市東区において新キャンパス移転完了後の九州大学箱崎キャンパス跡地計画、第7回目（２０１１年9月）はスリランカの首都スリジャヤ・ワルダナ・プラ・コテと商都コロンボの境界に位置するスラム街ワナサムラの再生、第8回目（２０１２年9月）は福岡市において博多湾と二つの都心「天神地区」と「博多地区」をつなぐ最先端のコンパクトシティ・モデルの創出、第9回目（２０１２年9月）は急成長を遂げるベトナムの商都ホーチミン市において中心部南端に位置するテー運河沿いのスラム街の再生、第10回目（２０１３年7月）は山岳都市ネパールの旧都キルティプ中心部と都市圏の再生、第11回目（２０１３年9月）は福岡市において4つの小学校跡地計画を核とした地区デザイン、第12回目（２０１４年8月）はアジア最貧国バングラデシュの首都ダッカにある皮なめし工場移転に伴うブラウンフィールド「ハザリバグ」の跡地再生計画を課題として取り組んだ。一方、ＡＩＪ国際建築都市デザインワークショップにおいては、第1回目（２０１０年3月）は港町としても栄えた旧城下町、佐賀県唐津市を対象に大陸との交易により発達した歴史・遺産を重視した編集型まちづくり、第2回目（２０１１年3月）は山間部にある旧城下町、岡山県高梁市を対象とし美しい自然との共生を目指した再生計画、第3回目（２０１２年7月）は東京都世田谷区下北沢において、小田急線の地中化に伴う線路跡地計画を課題として取り組んだ。

(2)対象地の特徴

それぞれの実践型ワークショップの対象地の特徴を抽出すると、1）以前は栄えていた既存の市街地において現在は衰退しているもの、2）産業構造の変化に伴い地域・地区の持続性に必要な基幹産業を失ったもの、3）再生を試みる拠り所となる建築物やまちなみなど歴史遺産があるもの、4）再生を試みる拠り所となる豊かな自然景観があるもの、5）経済基盤・社会基盤の整った大都市へのアクセスが便利なもの、6）コミュニティの感覚が希薄化しているものが挙げられる。

しかも、人口減少や高齢化、若年層の近郊都市・大都市への流失、車社会の到来による大型ショッピングセンターの進出やマイホーム実現のためのベッドタウン化の加速、郊外化の発達、古くからある商店街の衰退などによる中心市街地の空洞化など多くの地方都市が直面する共通の課題を多くかかえている。

実践型ワークショップのプロセス

実践型ワークショップを進める上で実施した主な項目を、以下の8段階のプロセスに分類し体系化する。

基本情報の伝達

ワークショップの位置づけと目的を明確にするため、参加者全員が基本情報を共有する。

具体的には、

①地域が持つ独自の文化的地理的特徴を文献や実際の街から読み取り、いかにそれを編集し強化するかを考える

②公共空間の価値を具体的な方法を通じて、いかに付加価値を加えるかを考える
③それらを解決するための方策を考えると共に、それを現実的な制約条件の中でいかに実現するかを考える
④上記の分析や提案内容を、一般市民にも分かりやすいビジュアルな情報に翻訳し提示する

まち歩き

対象地の現状や概要を把握するために、実際にまちを歩き回って踏査調査をおこなうことは極めて重要である。しかし、調査方法にも様々なレベルがある。

①あまり時間をかけないで直観的に対象地区の特徴を読み取りSWOT分析などにより現状を分析する方法。Strength（強み）、Weakness（弱み）、Opportunity（機会）、Thread（脅威）の4項目に分類し、編集型デザインのための方針を見つけ出す作業
②ある調査指標をもとに、時間をかけて科学的に対象地区を調べ記録する作業

上記2つの方法については明確に分離して位置づける必要がある。特に①を最初に実施し、②については各グループに分かれた後に実施する。

市民へのヒアリング

行政による既存の都市計画・方針や上位計画は、文献や直接のガイダンスを通じて把握することが可能である。トップダウン的な政策を把握するとともに、ステイクホルダーとなる多数の市民から現状に対する意見やあるべき姿のイメージなどを提示してもらうボトムアップ的な情報収集も平行して行うと効果的である。まちの将来像となるビジョン作成や計画策定のための根拠とすることはワークショップの成否を決定するほど重要

な事項であり、最初の市民ヒアリングと中間発表時における市民の意見をフォローアップする意見交換はワークショップの提案を現実的なものとして位置付けるための必須の作業項目である。

既存情報を得る前の第一印象の提示

予め地区の詳細な情報を入手する前段階に、先入観を持たずに都市や地区を歩き回り、その第一印象をもとに直観的に街の持つ特徴を描写する。このプロセスは、純粋に視覚的情報から、地区の雰囲気や特徴を抽出しイメージマップを描くことで、今後の戦略を練るための基礎情報を得るものである。特に国際ワークショップなど社会的背景や文化、価値観の違う多様な国からの参加者が多い場合、地元出身者のみでのワークショップでは見落としがちなものを国際的視点により、その場所のもつ強みや欠点として拾い上げる効果が期待できる。主催者はこの第一印象で得られた情報をもとに副題を設定しグループを編成する。各参加者は、自分の興味のあるテーマや追求したいアイデアに沿ったグループに配属され共同作業を開始する。このグループ編成においては、同じ大学や同じ出身地の者を出来るだけ分散させることにより国際的なチーム編成を行う。

敷地・コンテクストの現況分析、「問題点」と「可能性」の抽出

編成されたグループ毎の副題に応じてブレーンストーミングを行い、対象地区とその周辺地区の形状、地勢、歴史などを詳細に調査・分析する。地元行政や市民の協力により、必要な情報を迅速に入手できる体制を整えておくと効果的である。直感的な印象をもとに、客観的な資料を分析することで、その地区が抱える「問題点」を抽出し、「可能性」のある事項を模索することで計画案作成の糸口をつかむ。このプロセスは地区の特徴を深く読み込み、それをどのように活用し強化すべきであるかを検討する段階である。

地区の将来ビジョンの策定、戦略的デザイン方法の検討

対象地区が最終的にどのような魅力的な場所になり得るかを考え、それを実現するための方法として、どのような戦略的デザイン方法があるかを探る段階である。このプロセスは、あるべき将来のイメージを予め議論し、その過程の中で、「問題点」を克服する方法と同時に「可能性」を展開する具体的な戦略を検討するものである。

各敷地における具体的なデザインの提案

公共空間の価値を上げるための空間デザインを提案する作業と言い換えることもできる。前節で策定した戦略的デザイン方法の実例をプロトタイプとして示すために、最も効果的だと思われる具体的な敷地を採り上げ、都市の文脈に配慮した建築デザインを提案する。この最終プロセスは、針灸治療におけるヘソやツボのように、都市における重要な場所、その重要な場所にカタリスト（都市触媒）を投入することで、地区全体に良い影響が生まれることを見込む作業である。

計画を実現させるためのシナリオの提案

これらの最終デザインを実現させるための法的、財政的な根拠や完成後の管理運営体制などに言及し、架空の計画ではなく実現し得る現実的なシナリオが存在することを対外的に示す。

以上が、全体の進行プロセスであるが、グループ作業は時として意見の対立や作業目標が不明瞭になり連携作業を困難にする恐れがある。適宜、教員や専門家が進行状況を確認し、仲裁者のような第三者の視点から助言すること、また、問題点を整理し次のステップへの指針を定めることも重要である。基本的な進行ダイアグラムを表2に示す。

テーマ設定とレビュー方法

実践型ワークショップによるテーマ設定

ＡＩＪ国際建築都市デザインワークショップでは、国際公募により約40名の学生を招集し、国際的な視点から地域や地区固有の魅力を抽出し、その特徴を活かした都市再生を進めるための提案モデルを作成する。筆者が関わった計3回のワークショップで取り組んだメインテーマ、グループ毎のサブテーマを以下に記述する。

表２　進行ダイアグラム

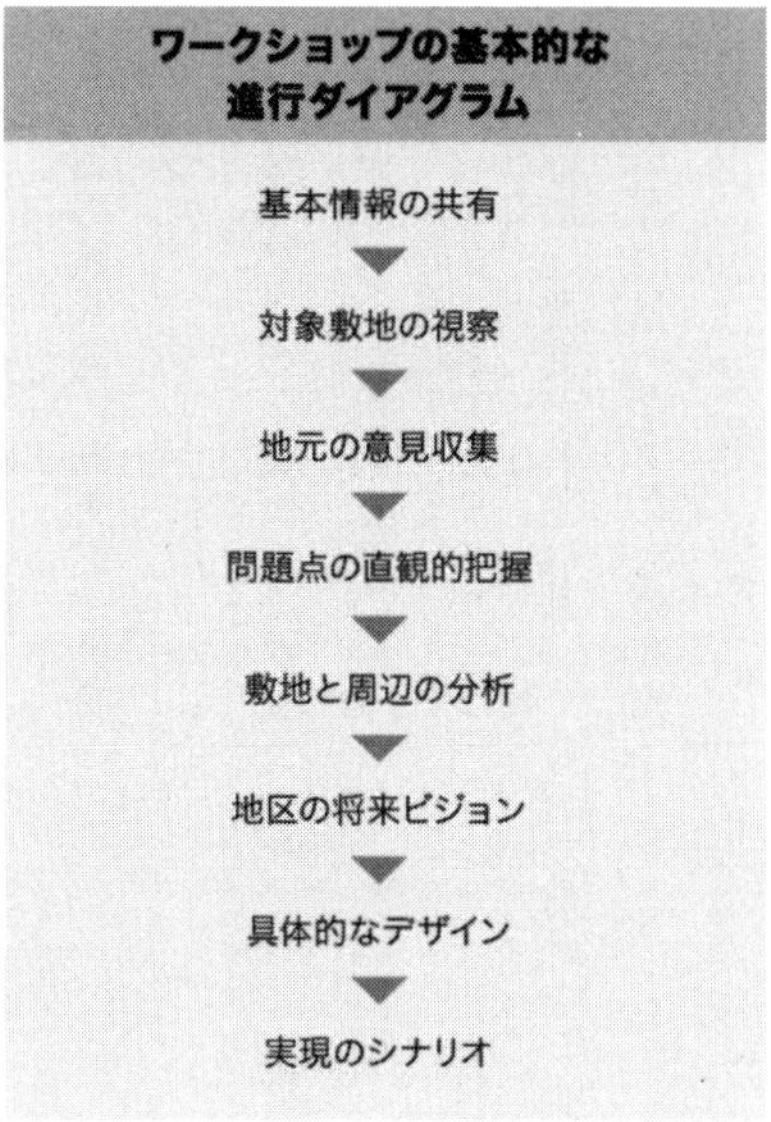

ワークショップの基本的な進行ダイアグラム

基本情報の共有
▼
対象敷地の視察
▼
地元の意見収集
▼
問題点の直観的把握
▼
敷地と周辺の分析
▼
地区の将来ビジョン
▼
具体的なデザイン
▼
実現のシナリオ

２００９年３月の唐津ワークショップでは、「再編集のアーバンデザイン－歩きたくなる唐津への再生」をメインテーマに、

１．多様な資源と場の結合
２．「歴史」と共に生きる街の創造
３．人に優しく歩きたくなる環境の再生
４．アプローチ景観と場の演出
５．伝統的町割りを活かした高密度居住の形成

6. 生態系システムの育成

による6つのサブテーマに取り組んだ。

2011年3月の高梁ワークショップでは、「歴史を活かした環境循環都市を目指して－住みやすい街、高梁の再生－」をメインテーマに、

1. 場所の個性を紡ぎ合わせる
2. 高梁市を彩る水資源
3. 新たな視座による歴史遺産の再考
4. 活気を取り戻す：備中高梁駅と栄町
5. 世代をつなぐ新しい絆
6. 古の職人町―歴史的・娯楽の場

による6つのサブテーマに取り組んだ。

2012年7月の下北沢ワークショップでは、「織：街と緑を織込むデザイン」をメインテーマに、

1. 分断された水系と緑のネットワークの再編
2. 自立的で暮らしやすいコンパクトさと創造性の強化
3. 都市と農業の共生に基づく身近な農緑を「食と健康」の源に
4. 災害に強いタフな街の育成
5. 『アーバンデザインセンター下北沢』の創設

による6つのサブテーマに取り組んだ。

各段階でのデザイン・レビュー

ワークショップの具体的な進行については以下の段階を踏んで進める。

(A)デスク・クリティック

各グループの初期段階で、教員や専門家が各グループのテーブルをまわりながら方向性の検討（エスキス）を確認し、アドバイスを行う。これはワークショップ期間中、定期的に行うことで方針の再確認、軌道修正を行うことに役立つ。

(B)ピンアップ・レビュー

参加者全員を対象に、各グループの作業状況を報告し、内容の確認を行うと同時に、テーマの重なりや各グループによる計画の関係性を確認し、提案自体の構造的な枠組を全員で共有する。ピンアップ・レビューにより、編集型デザインのメインテーマとグループ毎に提案する副題の関連性を明確にし、グループ毎のテーマをより掘り下げることに専念する。

(C)中間発表（ミッドターム・レビュー）

ワークショップの全日程の中間期に、行政やステイクホルダーと呼ばれる市民などの外部の人たちを招待して、各グループが進行中の作業報告を丁寧に行う。建築や都市計画関係者以外の一般市民に対して分かりやすい説明方法(画像、模型、口頭発表の方法など)を選択しているかを確認することも重要な作業である。グループ毎の発表を受けて、市民との意見交換を行うことで、市民の意見を汲み取り現状を考慮した提案へと発展させることができる。また、提案のプロセスに市民が参加することで、市民の中にも目的意識、共通認識が芽生えることが期待でき、提案の実現に対するワークショップ以降の展開にも期待がもてる。

(D)最終発表（ファイナル・レビュー）

上記までの準備作業をフィードバックした内容を集大成として発表する。ワークショップ参加者のみでなく、地元の一般市民にも広く周知し一般公開形式で行う。ここではワークショップの趣旨やデザイン作業の経緯を最初に報告し、続いて各グループの発表を行う。行政の首長や一般メディアが参加することが多いため、パブリシティー（パネル、模型、配布物、パワーポイントなど）としての質の高さを追求することが重要である。グループ毎の発表の後には、本ワークショップの提言としてアジェンダを発表し、市民を交えた参加者全員の合意案としての提言というスタンスをとる。

実践型ワークショップにおけるデザイン手法

ＡＩＪ国際建築都市デザインワークショップでのメインテーマとサブテーマを分析評価することで実践型ワークショップにおけるデザイン手法について考察する。

〝「交・まじわり」が編み出す魅力ある唐津〟への指針－歩きたくなる魅力の街へ－に関しての概要

ワークショップの最終講評会において、唐津市へのデザイン指針を提言している。その指針を引用すると、まず『〝いにしえ〟から海外との「交易」で栄え、「交通」の要衝として発展してきた歴史的背景、唐津焼などの洗練された独自の文化を通じたアジアとの「交友」、唐津くんちなどの祭りや伝統を通じた地域の「交流」

の歴史に注目し、街が持つ潜在的な魅力を引き出すための都市デザイン』を模索している。

次に、唐津の特徴を分析するため、生活する人々と街を訪れる人々の視点で唐津の街の真の魅力とは何かを探究することから始め、唐津にある「交易」、「交通」、「交友」、そして「交流」の歴史により蓄積された資源や自然の資源がありながら、それぞれが分断され、誰もが楽しめるような街の魅力が十分には発揮されてないことを発見している。

結果として、『「真に魅力ある街とは、人々が歩きたくなる街」との視点から、河川や掘割をいきいきとした生態系システムへと再生し、城下町時代からの街の骨格を活かしながら、分断された資源、失われつつある資源を活かし、つなぐことにより、歩きたくなる街としての魅力』を再編集している。

そして、「交・まじわり」による都市デザインに基づいたまちなみ景観と都市空間のデザイン指針を以下のように要約する。

1．多様な資源と場の結合

街に多数散在し分断された歴史的資源や自然の相互関係を再考し、街全体に分散した資源の視覚的・機能的・文化的・環境的なつながりを創り出し、分かりやすい街のネットワークを形成する。

2．「歴史」と共に生きる街の創造

歴史的な佇まいや雰囲気に着目し、文化財やまちなみの保全と生活者の豊かな居住環境の維持向上の観点から、既存の産業や工芸に付加価値をつける文化的取り組みの輪を広げる機会と場を次々と創出する。

3．人に優しく歩きたくなる環境の再生

人は街を歩くことにより街を理解する。城下町としての骨格を意識しながら歩けるデザインを重視し多様な歩行者のニーズに応えるサインや休憩の場を創出する。

4．アプローチ景観と場の演出

広域的な水系や地形との関係から街の成立過程を理解し、自動車や鉄道で近づくルートから望むランドマーク、河川、山の景観をまちの財産として保全する。街への到着感を実感するためには、鉄道駅やバスターミナルなど到着地のイメージが重要で見通しがよく、歴史的文脈に即した公共空間を創出する。

5．伝統的町割りを活かした高密度居住の形成

住人の都心回帰のための受け皿を供給する。街区内の敷地割と変容過程を解読しそれぞれの街区や敷地のサイズに合致した低層で高密度な居住環境のモデルを創り出す。

6．生態系システムの育成

河川と掘割といった水の骨格が街の形成に与えた背景を理解し、河川や掘割の生態系の再生、市民や子どもの学習や憩いの場として活用する。

7．市民と行政の協働の仕組みづくり

都市再開発の力を利用しながらも歴史的資源や自然環境を保全するために市民、企業、行政が適切な役割分担により協働するパートナーシップの仕組みを構築する。

〝自然に抱かれた新しい暮らしの息吹き：高梁〟へのデザイン指針に関しての概要

ワークショップの最終講評会において、高梁市へのデザイン指針を提言している。その指針を引用すると、まず、『「備中国」の中心として近世より栄えた高梁のまちは、重要文化財である備中松山城、名勝「頼久寺」庭園、重要伝統的建造物群保存地区の「吹屋」地区などの歴史的資源に加え、四方を囲む山並み、高梁川などの豊かな自然資源に恵まれている。一方で、我が国の地方都市共通の問題である人口減少、少子高齢化、中心市街地の空洞化や、市町村合併後の有機的な地域資源のネットワークの欠如などの問題を抱えていること』を発見している。

次に、街の魅力である自然資源や歴史文化資源を入念に訪れ、ここで生活する人々との討論から、1）魅力ある山々に囲まれた「場」の感覚を強く感じることのできるコンパクトな街であること、2）歴史の積み重ねがそのまま骨格となっているような貴重な都市構造をもっていること、3）市内に他の都市が持ちえないような貴重な文化資源がちりばめられており、その中で日々の生活が息づいていることを長所として確認しているが、それらの魅力が活力のあるまちづくりに十分に活かされず、若い人々にとって魅力に乏しく、活気が徐々に低減していることが直面する課題として浮かび上がる。

結果として、『多様な資源を有機的に組み合わせ、高齢者や子供にとって安全で住みやすい街をつくり、周囲の自然景観を一体とすることで、若い人々をもう一度街なかに呼び込み、息の長いまちづくりをすること、（中略）歴史的な価値と現代的な価値を対立的なものとして捉えずに積極的に融合し、自然や伝統を活かしながら新しい形の生活スタイルや仕事の可能性を生み出すことのできる街が求められること。あまり自動車に頼らずに、すべての世代の人たちが街なかを歩いて用事をたし、生活を楽しむことができる環境をつくること』としている。

そして、「自然に抱かれた新しい暮らしの息吹き」による都市デザインに基づいたまちなみ景観と都市空間のデザイン指針を以下のように要約する。

1．場所の個性を紡ぎ合わせる

街を取り囲む豊かな自然環境を、『地形』『川』『森林』『農業』『市街地』『レクリエーション』の6つのキーワードで捉え、戦略的に自然街道を計画し質の維持・向上を目指す。

2．高梁市を彩る水資源

河川を再び人々の生活に密接な存在にすることで街に賑わいや活気を取り戻し、世代間の交流を生みだす水辺のアメニティ空間を、河川と道路や路地をネットワーク化しながら再生する。

3．新たな視座による歴史遺産の再考

街を歴史的都市構造から分析し、特徴ある4つの地区に分類し、そこに点在する歴史遺産や背後にある美しい自然を有機的に連続させ、人々の記憶に残る空間体験を提供する。

4．活気を取り戻す：備中高梁駅と栄町

19世紀の鉄道駅敷設時に開発された繁華街も現在は活気を失っている。駅近隣に新たな市役所を計画し駅前広場を新たな市民活動の中心と位置付ける。その周辺には学生住居を計画し段階的な街の更新により中心市街地の再生を目指す。

5．世代をつなぐ新しい絆

豊かな自然と魅力的な歴史的資源を活用し、新しい住居形態、都市型農業、雇用形態、そして古い町屋の活用により、若者を呼び戻し若者と他の世代をつなぐ仕組みを構築する。

6．古の職人町—歴史的・娯楽の場

伝建地区で魅力的な文化景観を有す街に対し、都市生活者のためのエコファーム、ベンガラ文化を継承していく芸術家と芸術村、古い家屋を活用した観光客と住民のための施設、小学校の再活用および建築ガイドラインを作成する。

「織：街と緑を織込むデザイン」の指針「世田谷スタイル」の構築へ、に関しての概要

ワークショップの最終講評会において、世田谷区へのデザイン指針を提言している。その指針を引用すると、まず、『世田谷区は、人口88万人を抱える東京都23区最大の自治体であり、20世紀初頭の小田急線の開業を機に発展してきた下北沢などのユニークな街で構成されていること』を説明している。

次に、高齢者の増加、緑地の減少、災害に対する脆弱性などの課題を抱えており、東日本大震災での経験も踏まえ、これからも暮らし続けたい、あるいは暮らしてみたいと思える世田谷ならではの都市環境のあるべき姿について考え直す必要性について説いている。

最後に、小田急線の地下化を課題解決案作成の契機として捉え、世田谷が抱える課題の解決に向けた建築・都市デザインの提案に取り組むとしている。

そして、「織：街と緑を織込むデザイン」の考えに基づく景観や生活環境のデザインの指針を以下のように要約する。

1．分断された水系と緑のネットワークの再編

鉄道線の地下化を契機にした新たな緑の軸の整備を、これまで鉄道や幹線道路で分断されてきた地区の水と緑の環境を繋ぎ合わせる再編集の一大機会として捉え、住民や来訪者の快適なモビリティを促進する緑のネットワークを形成する。

2．自立的で暮らしやすいコンパクトさと創造性の強化

職住近接の住まい方ができる利便性の高い生活環境の強みを更に強化すると共に、若者から高齢者までが様々な活動にチャレンジできる賑わう街であり続けるための土地利用、建築デザイン、まちなみデザインの地域のルールをつくり、共有していく。

3．都市と農業の共生に基づく身近な農緑を「食と健康」の源に

市街地内の貴重な緑地である農地を住民の生活に潤いをもたらす生産緑地として位置づけ、住民の「食と健康」に重きを置いたライフスタイルを実現する生活資源として活用する。

4．災害に強いタフな街の育成

細街路や密集した建物を安全性の観点から再点検し、日常的な災害（火災など）、突発的な災害（地震など）に備え、相互扶助による安心して暮らし続けられるタフなコミュニティ環境を整備する。

5．『アーバンデザインセンター下北沢』の創設

長期的視野による継続的な都市空間のデザインとマネジメントのため「公・民・学」連携による地域主体の

活動拠点として、「アーバンデザインセンター」を設立する。

小括

上記のメインテーマ、サブテーマから実践型ワークショップにおいて導いた都市再生に対する一般的なデザイン論を以下の6項目にまとめる。

(1)都市の記憶の継承：歴史遺産や文化遺産など都市固有の資源の再生や利活用
(2)場の結合：分断・分散された多様な資源、自然景観のネットワーク化
(3)歩行者中心のコンパクトなまち作り：歩行者空間や遊歩道の整備
(4)住民の都心回帰：まちなか居住の形成
(5)ランドマーク：街のシンボルとなる場の創造
(6)住民によるコミュニティの形成

まとめ

サステナブル・デザイン・キャンプおよび東アジア環境プロジェクト演習、そして、国際建築都市デザインワークショップから、実践型ワークショップに必要とする都市再生に関するデザイン論を導いてきた。この方法を用いることで、都市が抱える課題を解決し、衰退したまちを再生し、持続的な都市環境を構築するデザイン案を提案することが可能になる。

また、持続都市建築システムにおける専門家育成において、この方法を用いたワークショップに参加するこ

とは、学生や若手実務者の実践的な教育効果を生み出す。すなわち再生のカギを握る拠り所をワークショップにおける一連のプロセスから掴み取り、適宜設定されたデザイン・レビューによる意見交換や指導により、全体やグループ間での合意に至るプロセス、具体的な提案、形にすることを学ぶ。

さらにワークショップで提案したデザイン案を行政の政策やマスタープランに取り入れるために、アジェンダを作成し行政や市民に対して提案し、積極的に情報発信していくことが重要である。ポスト・ワークショップを一定の間隔で実施しワークショップの成果報告書の刊行、ＨＰなどの情報メディアを用いることが有効で、将来的に提案した内容が、具体的に街のデザインやインフラ整備に役立てるような仕組みを構築する必要がある。

◎参考文献

1　日本建築学会編〔２０１２〕『国際建築都市デザインワークショップ　唐津：都市の再編　歩きたくなる魅力ある街へ』鹿島出版会

2　日本建築学会編〔２００４〕『まちづくりデザインのプロセス』日本建築学会

3　EDAW ASIA〔2008〕『EDAW ASAI Design Boot Camp 2008』EDAW

4　WAW Professors〔2008〕『World Architecture Workshop 2002-2008』WAW

5　Department of Architecture and Building Science〔2008〕『Global Design Education』Graduate School of Engineering, Tohoku University

6　Program of Sustainable Design Camp〔2012〕『Re-Generation of Wanathamulla as an Engine of Colombo Development』Sustainable Architecture and Urban Systems, Department of Architecture and Urban Design, Graduate School of Human Environment Studies, Kyushu University. pp.1-50

7　Program of Sustainable Design Camp〔2012〕『Towards the Realization of a Leading Compact City, Fukuoka-Re-discovering its Identity as a Port Town』Sustainable Architecture and Urban Systems, Department of Architecture and Urban Design,

Graduate School of Human Environment Studies, Kyushu University. pp.1-60
8　Program of Sustainable Design Camp［2013］『Re-Generation of Ho Chi Minh City as Re-Cyclic Town』Sustainable Architecture and Urban Systems, Department of Architecture and Urban Design, Graduate School of Human Environment Studies, Kyushu University. pp.1-60
9　Program of Sustainable Design Camp［2014］『Re-Birth of Kiltipur - Awareness of Gifted Nature and Cultural Landscape for Wellbeing of Citizens』Hana-Shoin Cooperation. pp.1-119
10　倉田直道［１９９１］「カタリストとしての都市デザイン」『建築雑誌．建築年報１９９１』日本建築学会　pp.6-7
11　小林正美［２０１３］「岡山県高梁市における「シャレット・ワークショップ」手法による大学連携まちづくり教育への継続的取り組み（２０１３年日本建築学会教育賞（教育貢献））」『建築雑誌１２８（１６４８）』日本建築学会　p69
12　高橋潤［２０１０］「実践教育としてのまちづくりシャレット・ワークショップの研究－学生参加のシャレット・ワークショップを事例として」『日本建築学会技術報告集 16（33）』pp.711-716
13　ＪＡＵ編集室［２００９］「International Research Camp in Collaboration of Kyushu and Tongji University」『Journal of Asian Urbanism, September 2009, No.1』ISHED, pp.78-89
14　ＪＡＵ編集室［２０１０］「Fukuoka Research Camp - Seeking for Fukuoka Style "Sustainable Design"」『Journal of Asian Urbanism, March 2010, No.2』ISHED, pp.88-97
15　ＪＡＵ編集室［２０１０］「International Research Camp in Collaboration of Kyushu University and Gadjah Mada University」『Journal of Asian Urbanism, March 2010, No.2』ISHED, pp.98-111
16　ＪＡＵ編集室［２０１１］「Korean Research Camp 2 - Preservation and Re-creation of the City」『Journal of Asian Urbanism, March 2011, No.4』ISHED, pp.76-81
17　ＪＡＵ編集室［２０１１］「Fukuoka Research Camp - Seeking for Fukuoka Style "Sustainable Design"」『Journal of Asian Urbanism, March 2011, No.4』ISHED, pp.82-93
18　ＪＡＵ編集室［２０１１］「International Research Camp - in Collaboration of Kyushu University and the University of Hong

Kong」『Journal of Asian Urbanism, March 2011, No.4』ISHED, pp.94-105
19　ＪＡＵ編集室［２０１２］「International Research Camp - in Collaboration of Kyushu University and the University of Moratuwa」『Journal of Asian Urbanism, March 2012, No.6』ISHED, pp.50-63
20　藍谷鋼一郎・出口敦・坂井猛［２０１１］「異分野協働型の国際シャレット・ワークショップの効果と課題―大学院ＧＰ「アジア都市問題を解くハビタット工学教育」（その５）―」『日本建築学会大会学術講演梗概集（関東）』pp.639-640
21　出口敦・藍谷鋼一郎・王麗嵐［２０１０］「アジア都市問題の教育プログラムにおける国際化・学際化―大学院ＧＰ「アジア都市問題を解くハビタット工学教育」（その４）―」『日本建築学会大会学術講演梗概集（北陸）』pp.641-642
22　藍谷鋼一郎・王麗嵐・坂井猛・出口敦［２０１０］「異分野協働型の国際シャレット・ワークショップの効果と課題―大学院ＧＰ「アジア都市問題を解くハビタット工学教育」（その３）―」『日本建築学会大会学術講演梗概集（北陸）』pp.639-640
23　藍谷鋼一郎・王麗嵐・坂井猛・出口敦［２００９］「異分野協働型の国際シャレット・ワークショップの効果と課題―大学院ＧＰ「アジア都市問題を解くハビタット工学教育」（その２）―」『日本建築学会大会学術講演梗概集（東北）』pp.687-688
24　出口敦・藍谷鋼一郎・王麗嵐［２００９］「大学院教育における学際化・国際化への対応と教育ポートフォリオ評価―大学院ＧＰ「アジア都市問題を解くハビタット工学教育」（その１）―」『日本建築学会大会学術講演梗概集（東北）』pp.685-686

第11章

持続可能なアジアのアーバニズムを描く

―未来のアーバンデザインとテクノロジーに対する試行と学びの場としてのサステナブル・デザイン・キャンプ―

プラサンナ　デビガルピティヤ

これからの都市計画に向けての試行と学び

都市化が継続的プロセスである以上、その過程において発生する諸問題に対する解決方法は常に探し続けられることが要求される。世紀においては、世界中の諸都市において人口は爆発的な成長を見せ、都市の規模も急激に拡大された。一方で、都市が自然環境に与える影響も時代と共に明らかとなってきており、それゆえ都市計画家やデザイナーは、都市の計画やデザイン、戦略といったものを成功に導くために、各々の知識を日々新しいものにしていかなければならない。都市計画とは、すなわち多様なスケールにおける都市問題に対する挑戦と言っても過言ではないだろう。そして、その挑戦の結果は、問題とそれらを解決するための技術に対する的確な認識、そして各種解決策の的確な評価と選定によって左右される。本章では、大きく3つの視点から、サステナブル・デザイン・キャンプについて理解することを試みる。

サステナブル・デザイン・キャンプはこれまで、国際デザインワークショップシリーズとして、南・東南アジアの都市において開催されてきた。毎年対象となる都市が選ばれ、その中心市街地や近郊に対する都市デザイン・計画を提案することがプログラムとしての大きな目標である。ワークショップを通して、マスタープラン、住宅、都市環境、各種公共サービス、都市内における人々の活動拠点といった点が主な提案の内容として取り上げられ、デザインの提案に関しては、対象地となった街が直面している最も喫緊である課題が対象とされてきた。都市における環境問題についても技術的解決策の適用が求められ、ワークショップ参加者からは短期・長期に分けられた具体的アクション計画が立てられた。プログラムの後半では、ワークショップを通して出てきた提案を、専門家達によって吟味・評価を受けるセクションも設けられている。

持続可能な都市開発の目標とはつまり、持続可能なコミュニティの形成であるとも言えるので、コミュニティを経済・環境・社会的側面から捉えようとすれば、必然的に地域単位のアプローチとなる。そして、コミュニティ同士のつながりや共同責任、そして資源消費の平等性などは、持続可能性を考える上で、考慮されるべき重要事項である。また、プログラムでは都市・地域スケールにおける公共インフラのデザインも重要な事項として取り上げられてきている。さらに、持続不可能な都市化プロセスによって蓄積された影響を緩和するための戦略的アプローチも必要であるといえる。そして、これらの方策が成功するためには、計画手法が都市の持続可能性を得るための目標と調和していなければならず、また計画実行時には都市内における一貫した働きかけが求められる。競争力があり生産的な都市計画・デザインにするためにも、計画に携わる者は、大きな枠組みの中における対象地が持つ役割を敏感に察知し、デザインするに当たってその役割を強化していかなければならない。

このように、持続可能性が問題となる時、個々の要素は複雑に絡み合い影響しあうことが特徴であると言える。本章においては、持続可能性を求めるサステナブル・デザイン・キャンプというプログラムを、単体の都市デザインプロジェクトとしてではなく、むしろ都市計画が行われる過程の一部分として理解することを試みる。

都市化とその課題

都市計画と都市デザインのプロセスは、対象地域・コミュニティが抱える課題を明確化するところから始まる。近代都市における問題や課題は多様であり、時間や都市的なまとまり、地域を横断して発生し、かつ複雑な相互関係を有している。問題のスケールと相互関係は、地区や街、地域レベルのものから全国ひいては全世界レベルのものにまでなり得る。そして、それら問題の影響は、時間的スケールにおいては、短期、長期、超長期に分けて評価することが出来るだろう。加えて、より良いコミュニティというものは、健康度、安全性、雇用機会や社会的つながり、といったもので一般的には表現される。それゆえに、全ての人に受け入れられ、同時に持続可能である解決策を思案するためには、あらゆるスケールにおける課題点と、対象となるコミュニティが抱えるニーズの綿密な抽出と評価が求められる。サステナブル・デザイン・キャンプはこれまで、南・東南アジアの都市を対象地として、適用可能な都市デザインと計画技術を参加者が学ぶことを目的の一つとして据えてきた。アジアの諸都市はそれぞれ様々な発展段階に面しており、それぞれの都市化の文脈の中において、都市が抱える問題の幅広い理解が求められている。

都市問題の理解

都市問題そのものや、それらと経済成長、都市化、そして都市環境との関係性を理解しようと試みたモデルはいくつか存在する。これらの証拠に基づいた理論的なモデルは、都市化と都市の持続可能性に関わる諸問題に対して広く、しかし有意義な示唆を与えてくれる。

白と井村（2000）（参考文献1）は、経済成長との関連性から都市環境の発展と問題を4つのステージに分けて理解する都市環境進化モデルを提唱している。発展サイクルのステージⅠにおいては、貧困が特徴的に見受けられる。人々の都市への移住やそれに伴う人口増加などが関連している問題であり、衛生管理や安全な飲料水が確保出来ないといった問題が発生する。ステージⅡでは、工業の発達と集中に伴う環境汚染の問題が浮上してくる。そして、ステージⅢでは、発展した経済において顕在化する人間の消費行動に関連した問題が主に取り扱われる対象となる。最後のステージⅣに至ると、これまでの諸問題とそれらの解決方法を基盤として、〝エコ・シティ〟（参考文献2）への舵きりが見られるようになる。エコ・シティとは、経済成長と環境保護の両立による持続可能な成長を目指した地方自治体を総括するフレームワークである。南・東南アジア諸都市における課題への挑戦は「ブラウン・アジェンダ」にまとめられている（参考文献3）。上記に示された近年見られる都市の問題は、大きな枠組みのモデル単体では片付けることが出来ない性質を有している。様々な地域で増加傾向にある裕福な中所得者グループと都市の発展と共に拡大する格差に対する処方箋は、一方で至極ローカルであることを要求されるという難しさを孕んでいる。

都市環境

南・東南アジア諸都市においては、より大きな経済成長を求めるあまりに、環境の変化に関してはこれまで軽視されてきていた。アジア諸国の政府は経済発展と工業生産の拡大を最優先事項として取り扱ってきており、その皮肉な結果として多くの貧困と高い失業率を招いてしまっている。都市やその近郊における環境問題は、国の経済成長レベルが一定の水準に達した後に解決されるべきであると信じられてきていた。この考え方は、既に発展を遂げた国々が経てきた歴史的経験に基づいてはいたが、南・東南アジア諸都市における都市化と人口増加は人類史上先例の無いものであるのは言うまでもない。

過度に人口が増えすぎている南・東南アジアの諸都市における都市環境問題は重層的である。「ブラウン・アジェンダ」に示される都市問題は貧困という大きな問題に結びついているが、それだけではなく、飲用不可能な水や衛生問題、下水やごみ処理問題、工業廃棄物の処理と大気汚染の問題など、大きな課題を多く抱えているのが現状である。水や衛生機能など、人々の生活の基盤となる公共サービスが利用できるかどうかは、住人の健康とビジネス、そして社会の存続に関わる重要な問題である。近年では、東南アジアにおけるいくつかの都心部においては持ち運び可能な水の普及率が上がってきている。

経済的側面

アジア諸国における都市は、それが属する国全体の生産にも大きく寄与するものである。世界的にみても、都市は各国内総生産（ＧＤＰ）の７割を占めており、経済成長の基盤となるものである。ものである。多くの生産品とサービスがより効率的に生み出され、そして取引されていくことによって、都市は規模の経済を生み出し、財の集積を生み出し、国全体の発展の起点となるのである。また、都市への人々の移住は、労働力の集積を意味し、経済的な生産性を向上させることが可能である。

急速な都市化に伴って、アジア諸都市は地域における最も生産性の高い場所になることに加え、世界経済とも関係性をもつようになってきた。その背景には、生産性の低かった農業から工業・サービス業へのシフトが過去20年間に行われてきたことがある。２００８年から２００９年にかけての世界的経済危機においては失速したものの、現在ではこれらの地域は持ち直しており、成長に転じている。東南アジア地域における成長は、世界経済危機が発生した２０００年から２００７年の期間と比較すると、２０１４年から２０１８年にかけては年５・４％の堅実な増加を見せている（参考文献４）。東南アジアの経済成長は、大規模な地方から都市部への人々の移住に伴って倍化している。地方からの移住者が多い都市部の人口は、１９５０年から２０１０年にかけて、国全体に対して15％から41％にまで上昇し、２０２５年までには50％に達すると言われている（参考文献５）。都市とその近郊を含めた地域の経済は人口基盤を整え、世界的に見ても重要な経済拠点になりつつある。

アジア太平洋地域においては、南アジアは人口の33％しか都市部に住んでおらず、もっとも都市化が進んでいない地域である。一方で、南・西南アジアにおける都市エリアは、全体の76％もの複合的な経済生産を行っている。具体的には、インドの都市部は国全体の３分の２の商品やサービスを生み出しており、２０１０年にはGDPを年間９・６％も成長させた（UNESCAP 2014）。南・東南アジアは近年、付加価値を生み出す業種の成長が顕著である。東南アジアの諸都市に比べると、インフラ開発などでまだ追いついていない面もあるが、南・西南アジアの経済と人口については堅実な成長が見込まれている。

住宅供給と生活水準

都市部の環境問題に加え、移住者の増加による深刻な過密化が、住民の健康や生活環境に影響を及ぼしているという事実がある。東南アジアの都市では、人口の35％近くがスラム（参考文献5）の貧しい生活環境で暮らしているが、彼らは重要な労働の担い手であり、都市の非公式経済の一部である。低所得者は通勤費を節約するために所得源に近い場所に住む必要があるため、生活に適さない危険で未整備の土地に小さな住居を構え、不健康で、すし詰め状態の暮らしを余儀なくされているのが現状である。

また、東南および南アジアの都市では、一部の発展都市を除き、水道設備があまり普及しておらず、上水道普及率は南アジアの都市が最も低く、こうした地域では人口の24％が安全ではない水道設備の環境下で生活を余儀なくされており、19％が公共の施設を利用している。また、水道へのアクセス性は所得によっても異なっている。東南および南アジアの都市における多くの貧しい地域では、適切な住居作りに問題があるため、公共の水道設備が唯一可能な選択肢となっているのである（参考文献5）。

南・東南アジア都市の生活水準を改善するためには、ごみ処理問題にも注目しなければならない。消費パターンの多様性が存在しており、一般的に富裕層が多い都市に比べ、低および中低所得者が多い地域から発生する廃棄物の量は多くない。適切なごみ収集や廃棄方法がないことも問題ではあるが、廃棄物の30％近くはリサイクル可能であり、現地においてはごみのリサイクルから収入を得る人も存在しており、政府としても多額の費用を節約出来ているという事実があることも見過ごすことが出来ない事実である。

持続可能な都市デザインに向けたテクノロジーとコンセプト

テクノロジーと科学的知識は、持続的開発に対して、その基盤と手法をもたらしてくれるものであり、都市の計画やデザインというのは、テクノロジーや科学的知識を繋ぎ合わせ、具現化するプロセスであると言える。また一方で、計画とは科学的、技術的、司法的枠組みにおける社会的プロセスであると言える。それゆえに、知識がどれだけ実行可能な計画にまで落とし込めるかという点は、他の優先事項によって軽視され、議論されないままであることもしばしば見受けられる。地域の経済利益が持続可能性によってもたらされる利益よりも優勢されてしまうことが起こることもある。以上のような理由から、計画上のフレームワークにおける技術的な側面を議論することは、それらがどれだけ実現化されたかを理解するためには重要であると考えられる。

都市のインフラサービス

南・東南アジア諸都市においては、都市コミュニティ内における水と衛生サービスの供給の深刻な不均衡が見受けられる。限りある水資源と衛生サービスの供給の裏にある問題は、急激な都市の成長や、計画上の問題、そして水資源の汚染などの環境問題である。サステナブル・デザイン・キャンプにおいては、都市開発プロセスにとって致命的なものである水と衛生問題に対する技術的解決策の構築について、特に注意が払われてきた。水資源の汚染が起こる主な理由の一つとしては、都市部におけるごみや廃棄物処理の不管理が挙げられる。水

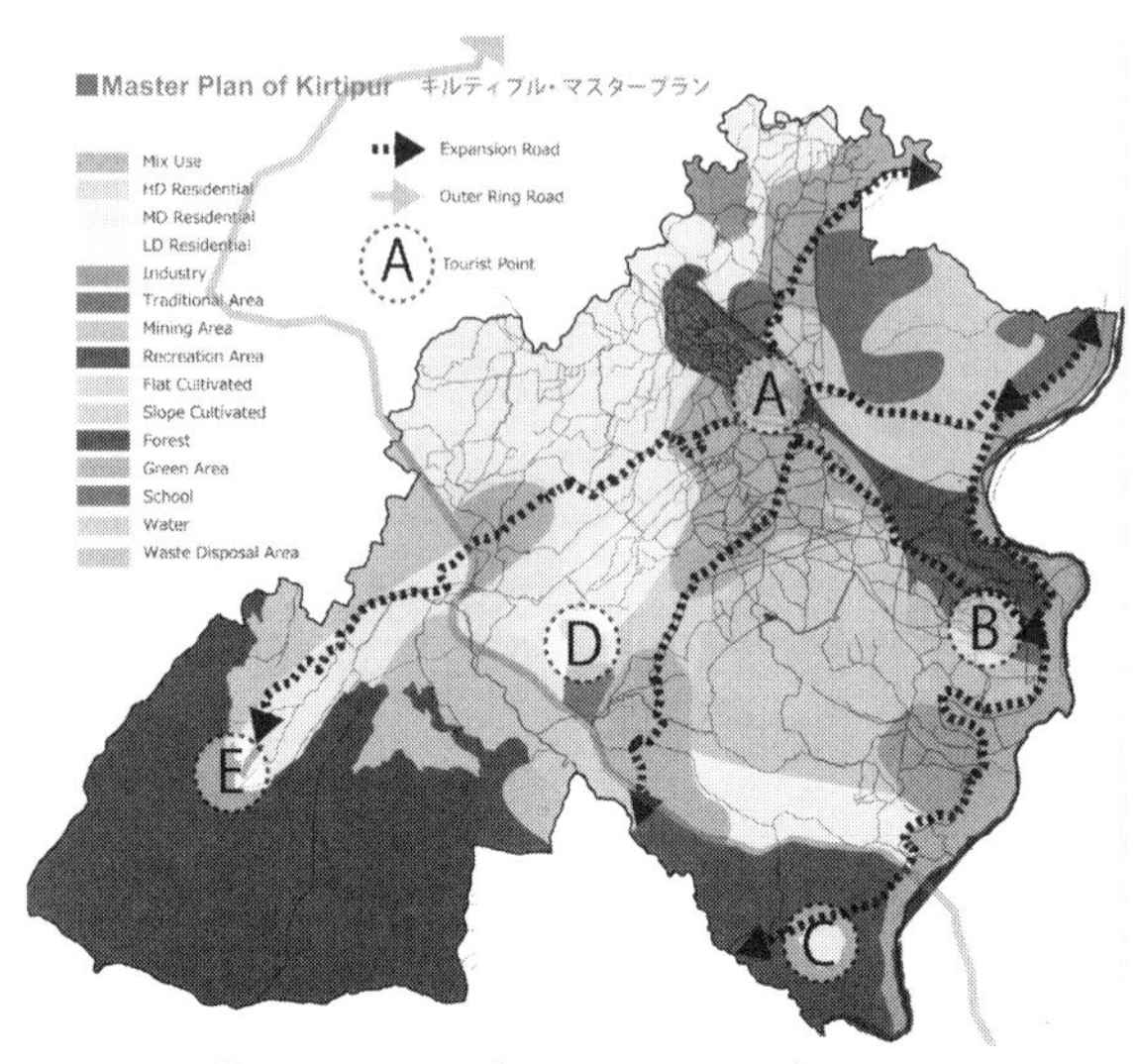

図1　キルテプル・マスタープラン2013

資源の汚染は、飲用可能な水の枯渇を生み、不健康な生活環境を作り上げてしまう。カトマンズとダッカにおいて開催されたサステナブル・デザイン・キャンプの経験を通して、ごみ処理及び上・下水供給の統合的アプローチの必要性が示された。

水資源管理と衛生サービスの供給の問題の解決に当たっては、地域もしくは街全体のスケールにおいての取り組みが必要である。都市とその近郊における上水供給と下水処理需要は推定出来るものの、地域単位におけるアプローチ無しでは、サービスの効率的供給は難しい。加えて、カトマンズのキルティプルの例においては、カトマンズ谷全体をも考慮にいれた、より大きな水資源確保のアプローチを思案する必要性が見出された。

都市における移動と都市基盤

都市部の交通事情は、都市形態や経済活動を決定する重要な要素である。移動パターンが非効率的であることが理由として、多くのアジア都市ではスプロール現象が益々広がってきている。こうした都市では車が移動手段として優先され続けているため、世界的温暖化の懸念、交通渋滞、コミュニティの社会的疎外といった差し迫った問題が発生している。

不十分な都市人口分散化計画が、環境的・経済的・社会的に持続できない都市成長形態の原因となっていることは明白であり、都市部の交通や土地開発計画を調整することが、持続可能な都市の中心部を作り上げるためには必要不可欠であると言える。交通や土地利用計画を総合的に開発することが、都市を総合的に捉えるための最初の一歩とされるべきであろう。各所間の交通や接続を設計する際には、都市部の活動の中心と居住区がどのように繋がっているのか、また、こうした中心部の今後の経済的役割を検討する必要がある。

急速発展している都市においては、車の利用に伴う問題を減らすために効率的な公共交通ネットワークを用意することが重要なことであることは、これまでの研究で明確となってきている。公共の路線バスネットワークを効率的に運用し、そのコストを回復するには、過密なネットワークにすることが不可欠である。人々の活動や人口密度が高いということが発展途上都市における中心市街地の条件であるが、路線ネットワークを敷くコストが高いことが既存の問題として存在している。また、このシステムを完全に機能させられないもう１つの理由が、大半の自動車利用者が公共交通に求める利便性の問題である（参考文献６）。万人にとって効果的な公共交通にするには、効率的かつ便利で安価でなければならない。

都市デザインは都市内における効率的かつ持続可能な都市モビリティの枠組みを形成するのに重要な役割を持つ。コンパクトで歩行者フレンドリーな移動手段がコミュニティに導入されれば、自動車依存率も低くなる。

また、公共交通に投資することは、都市の中で生活する人々の活性化にも繋がる。最適化された密度は規模の経済を実現し、コストの面においては多種の施設を建設し得るだけの利益を生むことになる。都市の発展と継続的な経済拡充、そして中所得者層の増加の裏には、貧しく過密化したコミュニティの存在が見受けられる中、コンパクトなコミュニティを推進することは適切なアプローチであると言える。コンパクトな成長を促す枠組みは、より多くのパブリックスペースを提供することを可能にし、また社会における人々の相互作用を生み出すのに不可欠なコミュニティ内の多様な層を形成する人々を惹きつけ、住民の活力あふれる社会的生活をもたらすことが出来る。

サステナブル・デザイン・キャンプでは都市デザインの重要性と共に、用地開発と交通機関の充実を統合することの重要性も強調されており、デザインする過程において、複合的土地活用やウォーカブル・ニーバーフッド、そして交通手段の多様開発などが試行されている。一方で、コミュニティに浸透している既存の移動手段も多岐に渡っている。例えばコロンボにおいては、短距離の移動を行うための主な手段は三輪タクシーであり、ダッカにおいてはリクショー（人力車）が用いられている。マスタープラン制定時における土地利用決定は、効率的な都市モビリティの開発のため、中心市街地と近郊を公共交通でつなぐといった交通計画と結び付けられなければならない。

住宅及び生活環境

住宅供給は、コミュニティの発展における環境的・社会的側面の双方に影響を与える重要な要素の一つであ

図２　ハザリバグ地区グリーンネットワーク2014

る。急速に発展し続ける都市においては、住宅供給及びその計画は避けては通れない課題の一つである。中心市街地に荒廃した家屋が存在するのは、それが位置するコミュニティの住人だけの問題に留まらない。それらは、街の経済成長や土地開発の妨げにもなりうるものである。サステナブル・デザイン・キャンプにおける住居環境開発は、①適切な密度における用地計画、②複合用途であり複合収益を持つエリア、そして③改善されたグリーンスペースとパブリックスペース、の三つを主眼においている。

環境負荷低減を考慮した居住地開発においては、一定の割合で高密度の住宅供給が推奨される。実際の居住地群の密度は、それらが組み込まれている都市文脈と、既存のコミュニティがどれだけ居住空間を使用しているかによって統合的にデザイン及び調整されなければならない。高密度の居住エリアは、しばしば貧困や超過密といった問題が連動していることがあるため、居住用の建設物とオープンスペースには適切なバランスによる配置が求められる。大規模な居住区域プロジェクトを計画する際には、計画地内のコミュニティにおける生活が改善されるかどうかは、最適な計画地の選定が重要な鍵となる。計画地外への良好な接続性と公共交通機関へのアクセスのし易さも、考慮されるべき重要事項であると言える。中心市街地における新たな開発は、都市がもつ経済力を補填し、住民に対する雇用機会を提供する役割を担わなければならない。商業活動の拠点が適切に配置されている混合開発は、都市内における他の部分がもつ文脈に計画地を上手く組み込むことが出来るようにするためには、必要不可欠である。

過密化した中心市街地の近郊はグリーンエリアが失われがちである。数十年単位で行われてきた漸進的な都市化は、わずかな緑を有したレクリエーション用のオープンスペースを残して、緑の空間を奪ってきたのである。より高密度の近郊を開発していくことの良い結果の一つとしては、街が有する緑のための土地を広くすることが出来る点である。緑の空間を作るデザイン上の課題点としては、人々の日常生活において活用可能であり、かつ維持のし易さをも兼ね備えている機能的なグリーンスペースをどう作るか、である。機能的なグリーンスペースとは、並木道や各住居の庭、もしくは窓に掛けられた小さなプランターによってであっても形成されうるものである。自然化された公園なども、レクリエーションや教育、コミュニティ・ガーデンや原生種の保護など、多機能空間の一つとしてデザインされうるだろう。中心市街地において空間は限られており貴重であるため、緑化に際しては生活する人々の活動や維持にかかるコストも慎重に吟味されなければならないであろう（参考文献7）。そのようにして実現された良質な並木は、歩行空間ネットワークを紡ぎ、居住エリアと交通機関のハブ、そしてビジネスエリアを繋げるだけでなく、広く緑や自然に触れることが出来る街を形成してくれる。

アーバンデザインの評価

都市開発における評価

発展途上国における工業化と急速な都市化に伴う負の影響を受けて、政府はそれまで漸次的であった工業発達をコントロールし、時に規制を設けるといった処置を行う必要に迫られてきた。政府は発展に際しての基準を設け、公共サービスを提供する事業プロジェクトなどの質を保とうとしたのだが、このような20世紀前半に見られた政府主導の都市空間・用地計画は、計画評価手法が発展する文脈を作ったとも言える（参考文献8）。都市の拡大や新たなコミュニティの創出、大規模インフラや交通ネットワーク、そして公共施設の整備といったような戦略的プロジェクトは、主に公の事業として着手されてきたという歴史がある。計画評価手法の祖に当たるものは、大規模な公共投資が有益なものとなるように分析を行う手法である。計画評価には、計画初期における実現可能な選択肢の評価も含まれており、このような試みはプランナーや計画の決定権を持つ者達に、計画の詳細化と推敲を進め、ベストな選択肢を選ぶ機会を提供してくれた。特にアメリカにおいては、急速な都市化と都市の拡大に際して、都市計画を策定することと、新たに都市の一部となったエリアに対して公共サービスを提供することが必要であった。それに際して、プランナーと地方自治体は、公共サービス充実に資金が必要となるという、都市の成長にかかるコストに気づいていたのである。いくつもの都市計画を評価する手法が開発され、日々進化し続ける都市化が生み出すニーズと複雑性に適合させるように、計画の現場に導入されていった。そして、計画そのものも、従来までのトップダウン方式のものから、多元的なボトムアップ方式へと進化していった。また、時代とともに変容していく計画目標を測るために多くの評価手法も導入されていった。

経済学の分野で用いられる公共投資の分析手法の一つである費用便益分析（BCA: Benefit-Cost Analysis）は、建築・都市計画の分野においては土木工事分野のプロジェクトにおいて初めて導入された。費用便益分析は一時期プロジェクトや計画の評価のために大きな役割を担っていたが、一方でその評価ツールとしての限界に関して批判も同時に存在していた。というのも、費用便益分析では市場経済における財として費用と便益を指し示す役割は果たすが、それらがどのような関係性をもって〝流れる〟のかを答えるには至らなかったからである（参考文献8）。

後にマルチクライテリア分析（ＭＣＡ）という評価手法が費用便益分析に替わるものとして開発され、それまで測定が難しいとされていたデザインや計画の〝影響力〟に対する測定可能な指標をもたらした。また、費用便益分析の短所を克服するものとして、１９５６年にリッチフィールドによってコミュニティインパクト評価（ＣＩＥ）という手法が開発された。ＣＩＥは計画の総費用と利益を算出することに加え、コミュニティの影響度合いも合わせて理解を可能とし、またその測定過程においてコミュニティに参加するという〝インタラクティブ〟な手法であった。加えて特筆すべきものとして、環境影響評価（ＥＩＡ）手法の開発・確立も行われたことが挙げられる。ＣＩＥとＥＩＡは共に「計画評価自体がインタラクティブなものであるべきである」という思想を反映しており、分析を行うためのツールというよりもむしろインタラクティブに関わっていくためのツールを目指して開発されたという共通点を持つ。

MCAアプローチはプランナーやコンサルタントにいくつかの選択肢に対するランク付けされた評価を可能にさせるツールであり、特に複雑な相互関係を持つ環境、社会、経済といったいくつもの側面が考慮されるべき場合においては、価値ある結果をもたらすものである。生活環境の質の維持とエネルギーや資源の消費削減は、相克関係にある目標であり、MCAツールはそのような相争う多面的な課題や目標を評価することが出来る。評価の複雑なプロセスにおいては、トレードオフが発生する相争う目標を扱うことは避けることは難しい。ツールの構造化されたアプローチは、そのアウトプットの明白さを活かして、ステークホルダーの間における同意やコミュニケーションを円滑に進めることが出来るという利点もある。MCAツールは様々な情報を共通のインデックス上に集約するため、選択肢を探る際に合理的基盤を提供する。これらのツールは、同一モデル内において量的、質的情報の両面を一括して考慮することを可能にしている。

地球規模の継続的な都市化と環境問題に特徴付けられる今世紀であるが、地域社会が社会的、経済的な理由により断片化した状況において、都市は隔離された形で進化してきた。社会的、経済的、環境的問題に対処することが出来るバランスのとれた開発は、ここ数十年の中で強調されてきたことである。持続可能な都市開発を評価するためのツールや手法論は、これらのニーズに応えるために作られたものである。

持続可能性の目指した評価プロジェクト

ブルントラント委員会として広く知られる、環境と開発に関する世界委員会（World Commission on Environment and Development（WCED））によって導かれた持続可能な開発の定義は、各国政府や科学者、経済学者に人類の将来的な存続に対して必要なフレームワークを示したものである。〝将来の世代のニーズ実現の可能性を損なうことなく、現在のニーズを満たすことが出来る開発〟(Brutlend Commission 1987) という定義は、多くの開発の意志決定権を持つ者や一般の人々に、開発というものを再考させるに至った。都市における持続可能性の原則については、多元的にまとめられており、その中の3つの柱とは、社会、経済、そして環境である。都市においては経済の集中と資源の消費が展開しているため、都市レベルの視点は、持続可能性を目指すために一番適したスケールであると考えられている。持続可能性に関する3つの柱は、お互いに絡み合いながらも、それぞれ相反する利益を有することが知られている。それゆえに、持続可能な都市開発には、その計画・デザイン段階において、相反する様々な利益や財のバランスを保つための適切な評価手法を用いる必要性がある。こういった評価ツールは、街やコミュニティの持続可能性を維持するために、経済的、生態学的資源の均衡を考慮出来るものでなくてはならない。多くの環境問題はある地域を端に発するが、その問題がもたらす悪影響は地球規模に広がっていく。それゆえ、持続可能な都市開発に対する評価手法は、地球規模で受け入れられている原則に従ったものでなくてはならず、かつ地域やより狭い範囲のスケールにおいて実行可能なものではなくてはならない。研究者や開発者は数多くの評価システムが作られ、また都市開発のための指標も多く開発された。前項にて議論された伝統的な評価手法もまた適用された。

過去三十年間においては、持続的可能な開発を評価するための多種にわたる手法が開発され続けてきた。多くの利用可能なツールは、細かく分類され、結果として共通のシステムにまとめることが困難となってしまった。そこで、ＥＵプロジェクトにより持続可能性に対する評価手法やツールを評価した「サステナビリティＡ－テスト」（参考文献9）が行われ、評価手法がもつそれぞれの特徴をカタログとしてまとめられた。これらのツールは大きく7つのツール（①評価のためのフレームワーク、②参加型のツール、③シナリオ分析手法、④多基準分析、⑤費用便益分析と費用効果分析、⑥モデリングツールと会計、そして⑦物理的分析と指標群）に分けられている。

世界銀行は「Ｅｃｏ2都市イニシアチブ」（Ｅｃｏ2都市：Ecological Cities, Economic Cities）という概念を打ち出し、発展途上国の都市部における持続可能性を実現させる試みを始めた。「Ｅｃｏ2都市イニシアチブ」が目指すところは、実践的で、測定可能であり、かつ分析的で運営可能な支援を発展途上国の都市に行うことによって、発展途上国の環境と経済の持続可能性を両立させることが出来ることである（参考文献10）。彼らは独自に、4つの原則（都市に基づいたアプローチ、総合的デザインのための拡大されたプラットフォーム、システムアプローチと決定手法、そして持続可能性と抵抗力を測るための投資的フレームワーク）を基にした持続可能な開発に対するアプローチを確立させている。

都市環境における建物は環境に多大な影響を与える。その理由の一つは、建築物の長い寿命である。長く一つの箇所に留まる建築物の特徴を考慮し、その環境負荷や維持コストを注意深く検討してデザイン計画を策定しなければならない。持続可能性や環境の評価を行う場合には、プロジェクトや建築物のライフサイクルを通した建築物が持つ環境に対するパフォーマンスを見る必要がある。多くの建築物の環境に対する影響や持続可能性を評価する手法は、建築業界に広く取り入れられてきている。ＬＥＥＤやＣＡＳＢＥＥ、Green GlobesやGreen Star、そしてＢＲＥＥＭなどがそれらの例である。例えばＣＡＳＢＥＥは４つのツール（ＣＡＳＢＥＥ－企画、ＣＡＳＢＥＥ－新築、ＣＡＳＢＥＥ－既存、ＣＡＳＢＥＥ－改修）を組み合わせた形で出来ており、様々な状況に合わせて適用出来るように、幅広い応用ツールも開発されている。また、ＬＥＥＤ－ＮＤやＣＡＳＢＥＥ－ＵＤ、BREEAM Communities、Green Star Communitiesといったように、多くの他の評価システムが都市開発プロジェクトを測定できるツールを有している。サステナブル・デザイン・キャンプにおいてはＣＡＳＢＥＥ－ＵＤを採用し、対象都市に対する都市デザインスキームの提案を測定する試みを行った。

今後の展望

最後となったが、若き専門家が集い技術や能力を高めあう機会という意味では、サステナブル・デザイン・キャンプは成功を収めていると言えるのではないだろうか。近年の都市デザイナー達は、かれらの経験と専門的知識を国際的な土壌において共有しながら働いている。国際的交流を基盤としたサステナブル・デザイン・キャンプは、そういった点からも価値ある学びの場を提供出来ているのではないだろうか。そして、サステナブル・デザイン・キャンプはアジア諸国における持続可能な都市化のための新しい都市モデルを模索する革新的で実証的な試行であり続けている。

サステナブル・デザイン・キャンプの主な目的は、都市エリアにおいて、良好なデザインと当該都市が直面している生活環境問題の改善をもたらすものであり、その中で持続可能性に関わる目標もまた、都市スケールのデザインに地域単位のフレームワークを統合することの重要性を強調したものとして顕在化されてきている。評価手法の適用は、デザインに持続可能性を組み込むために重要な役割を果たすが、サステナブル・デザイン・キャンプにおいても採用されていたCASBEE－UDといった現在よく使われている評価スケールを適用することの一つの課題点を挙げるとするならば、提案の評価を行うことが出来る一方で、それらの地域的な政策や開発基準にどのように繋がっているのかを明確に表現出来ないことであろう。少し視点のフォーカスを変えてみると、エコロジカルフットプリントのようなツールは、都市化におけるいくつかの違ったスケールを繋げ、総合的に評価可能なシステムの基盤となる概念を提供できるのではないかと考えられる。また、そのようなアプローチによって都市デザインを評価するツールは、さらに地域発展のスキーム思案において重要な役割を担うことが出来るようになるであろう。シーメンスが展開する持続可能なエネルギー消費モデルである〝スマート・シティ〟は、その一例である。本章においては様々な論点を概観してきたが、概してサステナブル・デザイン・キャンプによる経験は、都市と、都市が埋め込まれている広範囲の地域とのバランスのとれた開発都市デザインや技術を導くための新たな広域の都市計画評価システムの研究や開発にとって有益な示唆を生んできたものと括ることが出来るのではないだろうか。

◎参考文献

1 Bai, X.M. and H. Imura, *A Comparative Study of Urban Environment in East Asia: Stage model of urban environmental evaluation* Internationa review for environment stratergies 2000. **1** （1） : p. 135-158.

2 Roseland, M., *Dimentions of the eco-city* Cities, 1997. **14**: p. 197-201.

3 Bartone, C., et al., *Toward Environmental Strategies for Cities*. 1994, The World Bank: Washington D.C.

4 *Economic Outlook for Southeast Asia, China and India 2014*. 2014, OECD.

5 *State of Asian cities 2010/11*. 2010, UN-HABITAT: Fukuoka, Japan.

6 *Planning and design for sustainable urban mobility: policy directions*, in *Global Report On Human Settlements 2013*. 2013, UN-HABITAT.

7 Roseland, M., *Towards sustainable communities*. 2005, Caneda New Society Publishers

8 *Evaluation in planning, Evolution and Prospects*. Urban and Regional Planning and Development Series, ed. E.R. Alexander. 2006, England: Ashgate.

9 Kasperczyk , N. and K. Knickel, *Advanced Techniques for Evaluation of Sustainability Assessment Tools*. 2006, IVM institute for environment studies Amsterdam

10 *Eco2 Cities Ecological Cities as Economic Cities*. 2010, The World Bank: Washington DC.

執筆者一覧

赤司　泰義　東京大学大学院 工学系研究科 建築学専攻　教授
（第1章）

神野　達夫　九州大学大学院 人間環境学研究院 都市・建築学部門 構造防災系　教授
（第2章）

山口謙太郎　九州大学大学院 人間環境学研究院 都市・建築学部門 構造防災系　准教授
（第3章）

趙　世晨　九州大学大学院 人間環境学研究院 都市・建築学部門 計画環境系　准教授
（第4章）

有馬　隆文　九州大学大学院 人間環境学研究院 都市・建築学部門 計画環境系　准教授
（第5章）

吉中美保子　西日本鉄道株式会社　都市開発事業本部ビル事業部
（第6章）

坂井　猛　九州大学 新キャンパス計画推進室　教授
（第7章）

藤本　一壽　九州大学大学院 人間環境学研究院 都市・建築学部門 計画環境系　教授
（第8章）

住吉　大輔　九州大学大学院 人間環境学研究院 都市・建築学部門 計画環境系　准教授
（第9章）
藍谷鋼一郎　テキサスA&M大学 建築学部 建築学科　准教授
（第10章）
プラサンナ デビガルピティィヤ　九州大学大学院 人間環境学研究院　都市・建築学部門 計画環境系　准教授
（第11章）

九州大学 東アジア環境研究叢書Ⅶ

持続可能な低炭素都市の形成に向けて

2015年3月20日　第1刷発行

編　著――九州大学東アジア環境研究機構
　　　　　低炭素都市システムグループ

発行者――仲西佳文

発行所――有限会社 花 書 院
　　　　　〒810-0012 福岡市中央区白金2-9-2
　　　　　電　話（092）526-0287
　　　　　ＦＡＸ（092）524-4411

ISBN 978-4-86561-024-6 c3030

印刷・製本―城島印刷株式会社